变电“运检合一”安全管控培训教材

主　编　穆国平

副主编　徐冬生　汤晓石　周　刚

中国电力出版社
CHINA ELECTRIC POWER PRESS

内 容 提 要

国网嘉兴供电公司在2018年开展变电“运检合一”工作，通过对3年变电“运检合一”过程中积累的丰富经验进行总结与分析，组织编写了《变电“运检合一”安全管控培训教材》一书。安全管控涉及面广、内容多，包括安全生产体系建设、计划管控、现场管控、风险管控、队伍管控、人员管控等方面。全书共七章，内容包括概述、“运检合一”安全制度建设、“运检合一”作业安全技术管控、“运检合一”生产作业现场安全管控、电网风险安全预警管控、日常安全管理、安全奖惩管理。书中案例翔实，贴近实际，解析细致，语言平实，便于掌握。

本书可供从事变电站运检工作的新老员工、技术骨干、管理人员学习使用，也可供供电企业在“运检合一”组织模式下的安全管控提供专业参考。

图书在版编目（CIP）数据

变电“运检合一”安全管控培训教材 / 穆国平主编. —北京：中国电力出版社，2022.3
ISBN 978-7-5198-6453-8

Ⅰ. ①变… Ⅱ. ①穆… Ⅲ. ①变电所–智能控制–自动控制系统–技术培训–教材 Ⅳ. ①TM63

中国版本图书馆 CIP 数据核字（2022）第 016250 号

出版发行：中国电力出版社
地　　址：北京市东城区北京站西街 19 号（邮政编码 100005）
网　　址：http://www.cepp.sgcc.com.cn
责任编辑：邓慧都
责任校对：黄　蓓　李　楠
装帧设计：张俊霞
责任印制：石　雷

印　　刷：三河市百盛印装有限公司
版　　次：2022 年 3 月第一版
印　　次：2022 年 3 月北京第一次印刷
开　　本：787 毫米×1092 毫米　16 开本
印　　张：11.25
字　　数：250 千字
定　　价：56.00 元

前 言

“十三五”期间，国家电网有限公司（简称国家电网公司）电网设备规模快速发展，电网系统规模不断扩大，变电站运行及检修模式也不断趋于复杂化。电网快速发展和体制更新变革过程中，新的运检模式和管理方式也在被不断探索和优化，以提高管理效率和效益，提升各专业协同能力及服务资源利用效率，满足能源革命和数字革命融合发展的系统性支撑和协同。变电“运检合一”在这大背景下诞生。变电“运检合一”将运维、检修专业进行整合，打破组织关系、个人技能要求等壁垒，深度挖掘基层员工的潜力，糅合不同专业的优势，实现 1+1 大于 2 的成效。在“运检合一”全新的工作模式下，运维、检修两个专业的生产资源重组优化，大幅提高组织运作的效率和队伍技能的同时，对安全制度的建设、日常管理、电网风险、作业现场安全管控等方面提出新的要求。

国网嘉兴供电公司在 2018 年开展变电“运检合一”工作，通过对 3 年变电“运检合一”过程中积累的丰富经验进行总结与分析，组织编写了《变电“运检合一”安全管控培训教材》一书。安全管控涉及面广、内容多，包括安全生产体系建设、计划管控、现场管控、风险管控、队伍管控、人员管控等方面。本书立足生产业务实际，对“运检合一”工作中的安全管控进行论述和说明，并采用典型案例进一步解释，从而指导运检人员在安全制度框架内更好地开展“运检合一”业务，给兄弟单位在“运检合一”组织模式下的安全管控提供专业参考。全书共七章，内容包括概述、“运检合一”安全制度建设、“运检合一”作业安全技术管控、“运检合一”生产作业现场安全管控、电网风险安全预警管控、日常安全管理、安全奖惩管理。书中案例翔实，贴近实际，解析细致，语言平实，便于掌握。本书对于从事变电站运检的新老员工、技术骨干、运检管理人员，均有实际指导作用。

本书在编写过程中得到了运检管理技术专家、技能专家和管理人员的大力帮助和支持，在此表示衷心感谢。同时参考了一些国内外的专著和论文，对这些文献的作者在此一并表示深深的感谢。由于“运检合一”新业务的实践时间较短，编写组成员水平有限，还请读者们对书中存在的疏漏和欠妥之处提出批评和指正。

编 者

2021 年 9 月

目 录

第一章

概　述

电网规模越来越宏大，更多的未知等待着运维与检修系统。在常规工作和紧急消缺过程中，各层级专业掌控大部分生产信息，需要通过多链路沟通协调来指挥现场，常规运维、检修专业工作模式相关问题日益凸显。为全力保障电网安全稳定运行，管理依法合规、简单高效，变电作业提质增效，员工人尽其才，在运检业务中引入“运检合一”新工作模式，是新电网人应对挑战给出的解决方案。

新模式全面建成后，电力企业在运检领域将实现生产指挥集约化，电网设备状态监测感知熟练化，作业流程高效化，分析决策多元化，并能够实现运检全业务资源的高度集成，装置管控力和管理分析的渗透性得以提高，运检体系运作质量逐年精良。与此同时，安全是电网稳定运行的第一道防线，电力系统的迅速发展对安全不断提出新的要求。本书紧扣变电“运检合一”新工作模式，分析了当下安全制度、作业安全技术管控、生产作业现场安全管控、电网风险安全预警管控相关内容，叙述了日常安全管理、安全奖惩管理的必要性。

“运检合一”，精益求精。电网设备的稳定运行，不仅体现出“运检合一”作战的强大优势，也更加坚定了推进运检业务持续深入融合的信心。

第一节　“运检合一”的背景

一、基本情况

随着我国社会经济的高速发展，人民的生活质量也在不断提升，相应的电力的需求也不断增加。“十三五”期间，国家电网有限公司（简称国家电网公司）的设备规模发展迅速，2016～2020年公司新增110kV及以上线路40.1万千米（较“十二五”末增长45%）、变电容量24.7亿kVA（较“十二五”末增长68%），这使得目前我国的电网系统规模不断扩大，变电站运行及检修模式也不断趋于复杂化。而变电站是电网系统中的供电命脉，一旦相关设备出现问题将会使整个电网系统发生故障。鉴于国家电网公司电网设备规模快速增长，外部环境更加复杂，在运行检修员工数量不能同步增加的情况下，积极探寻运检组织模式的转变，优化和调整生产关系，提高人员素质，提升实操水平，是运维与检修专业的发展之路。

在党十九大明确了“新时代、新征程、新任务”的新形势下，在国家电网公司“后三集五大”强调“以安全质量效率效益为中心”建设国际领先能源互联网企业，在各地市公司牢固树立安全发展理念、着力防控安全风险、整治安全隐患、健全各项工作责任链条等目标指引下，各个市公司为进一步提升电网设备运行水平，提高运维检修效率效益，实施变电“运检合一”模式已经成为必然趋势。“运检合一”创新改革模式能优化再造各公司变电运检室运检业务，实现变电运检“安全、优质、高效”的运检管理模式，促进国家电网公司更完善、更强大。

“运检合一”是指对变电运维、检修两个专业的生产资源重组优化，通过调整优化原有运维、检修管理模式，创建一种变电运维检修新模式，即构建以“统一运维检修设备主人”为核心的“运检合一”新体系，以实现运检专业“安全质量效率效益”为目标、“设备本质安全”为核心的综合效能提升。长期以来，国家电网公司“运检人”克服万难，殚精竭虑，与时俱进，自我超越，不断在管理革新中挖掘潜力，在技术创新中提升效率，以相对稳定的人员数量，在大电网快速发展情况下，确保了电网安全运行。

二、传统运检体系分析

（一）运维检修业务的进一步集约化和扁平化推进受限情况分析

原有运维、检修业务分属两个不同单位管辖，运维、检修业务对生产资源的使用存在利用效率不高、人财物集约程度不够等问题，运维、检修两个专业的问题协调需上升至上级管理部门，存在扁平化程度不足等问题。要推进集约化、扁平化，一方面要将运维、检修两个专业合并至同一单位，通过实施运检一体项目提高资源利用集约化水平，通过运维、检修协同工作提高扁平化程度；另一方面对原有运检部、调控中心专业管理进行调整，建立基于智能运检的生产指挥体系，进一步提高管理集约化、扁平化水平。

（二）运维、检修职责分离现状分析

1. 效率效益分析

传统的变电运维、检修两个专业分属变电运维室、变电检修室管辖，检修、运维业务开展独立运作。各检修班需要承担公司全部市本级变电站及县域变电站职责范围的检修业务；各集控站运维班管辖职责范围的220kV变电站及110kV变电站。运维检修压力分散，较难集中到某个单位促使其内部主动完善、提升，影响运维检修质量的全面管控。同时，造成设备运检的业务链条过长的问题，造成运检管理工作中组织上的效率和效益损耗。传统的运维、检修专业过于明确的职责界限下形成的原发性壁垒，也不利于运维一体化和运检一体化业务的推进，有限的电网运维与检修资源效能，得不到有效的利用。

2. 现场设备状态管理分析

传统的设备状态管理，分散在运维和检修两个单位，客观上造成责任不集中、状态管控不全面、统筹度不够等问题，现场巡视人员对设备状态的管理仅停留在表面，对缺

陷、隐患等状态的深度分析不足。检修业务统包，精力分散，难以在状态管理上充分发挥专业优势。此消彼长之下，客观上造成责任不集中、状态管控不全面、统筹度不够等问题，易形成设备状态管理真空，埋下隐患。

3. 个人潜能发挥力分析

当前新进运维人员学历、素质普遍较高，但由于从事运维业务的局限性，存在“技能吃不饱”的境况，对员工个人潜能的挖掘受限，而原设备主人工作仍以运维人员为主体，受限于专业纵深，在独立客观的开展工作方面有先天局限性，本质上仍是“二元”设备主人。检修高峰时设备主人团队内部支援的机会较少，导致设备主人工作很多环节由一两人肩负，而综检现场往往“点多面广、周期长”，最终设备主人对工程的管控较碎片化，且综合管理能力提升较慢，个人潜能发挥不均衡、不充分，不利于青年员工的成长和成才。

（三）电网设备增长与人力资源矛盾日趋突出

近年来，随着变电站数量的不断增加，生产人员数量上与业务增量不相匹配，出现整体性、结构性缺员，个人生产力挖掘潜力也存在不足，而且不利于专业核心能力和队伍建设。另外，检修班组年龄结构及后续力量配比不平衡，大量的检修及消缺工作开展已不能胜任日益增长的变电设备规模；同时运维人员的结构性缺员较为严重，致使运维业务的高质、高效开展无法实现。

改变此局面，一方面打通运维、检修专业管理隔阂，在业务上、人员上打通；另一方面要建立一支专业化检修队伍，做大检修业务承载能力，支撑主业检修业务的实施。

（四）运检管理体系优化的客观需求

在社会城市化不断发展的进程中，电网的供电可靠性要求不断增加，在分配人员总体不增加的基调下，如何适应未来电网运检需求的发展，是亟需研究和实践的课题。一是如何通过设备主人的运作提升设备本质安全水平；二是如何进一步挖掘县公司运检管理的潜力，实施设备运检管理“包干到户”，推进“地县一体”；三是如何进一步增强运检业务的管控能力和穿透能力。运检体系优化调整，需围绕以上运检专业发展的客观需求。

传统的运检体系和管理方式将越来越难以适应电网发展和体制变革的需求，如今变电运检人应努力变革变电设备运维管理模式，适当调整运维专业界面，改变运维、检修双主人分管模式，以变电设备主人作为设备全过程管控的主要力量，介入变电设备的可研、初设、制造、安装、调试、运维和检修等环节，通过充分履行变电设备主人职责，实现对变电设备的全过程管控，提高设备管理精益化水平，提升设备全寿命周期管理能力，确保电网安全稳定运行。因此，将“运检合一”智能化管理模式引入变电运检的管理中，实现变电专业运检的一体化，就能较好地处理前文所述矛盾，对变电站的安全运行具有重要的意义。

第二节 安全形势分析

一、国家对安全管控要求

2021年，据资料显示，我国大、中、小型企事业单位有三千万家左右，其中危险单位三万家左右，能源基地八万家左右，能源通道八万千米左右，超多层建筑6512幢，城市地铁约1061条，城市中每日有上十万的两化一危车辆奔赴各处，安全缺陷随处可见，稍微不小心，隐患将会引发大的问题。所以，现状是我国基础条件隐患较多，安全问题务必高度重视。

2020年11月25日，国务院召开常务会议，《中华人民共和国安全生产法(修正草案)》得以通过。12月21日上午10时，全国人大法工委新闻发言人、立法规划室主任岳仲明在全国人大常委会法工委发言人记者会上介绍了全国人大常委会立法工作情况并回答了记者提问。这表明国家对于安全问题越来越重视，不断优化新形势下安全生产的理论指导。

习近平总书记在国务院关于安全生产工作的决策部署会议中深刻揭示了安全发展的规律和特点，对安全发展经验和安全事故血的教训进行了科学总结。李克强总理也专门作出重要批示，贯彻安全发展观、红线意识、责任制、基本思想、风险管控方针，强调安全生产的各个工作和实际行动都要真正落实这些理念。与此同时，中央也不断推进改革发展，不断健全法治体系，制定了安全生产立法三年规划，逐步加快了安全生产法和实施条例等法律法规修订工作。

全国各个部门也一直推进安全生产相关规章制度的建设，地方政府责任要落到实处，强化“三个必须”及“谁主管、谁负责”的理念，加强责任观，各司其职，严格打击违章行为且鼓励保障安全举措，制定红黑榜，将责任明确落实到个人，企业也要发挥主人翁意识，不断推进和落实安全“两随机、一公开”制度。

与此同时，对重点行业、重点地区、重点环节，国家也要求着力查大风险、除大隐患、防大事故。比如对煤矿企业进行风险管控和隐患排查整治，开展打击超层越界执法行动，全年严厉查处违规煤矿611处左右，对一些高危矿场设立库长；长期严格管理危化品领域以及在易燃、易爆等物品旁放置安全措施告示牌；对一些高危部门，如综合商场、劳动人员众多的工厂开展消防检查；对电力系统进行专项治理，各作业点进行安全稽查；对铁路部门实行高铁护栏工程；对建筑一线进行防止塌陷、防止高空坠落等安全风险治理。与此同时，国家也要求各个部门将防控安全的基础设施建设做大、做强，推动我国安全作业“十三五”规划实施，加快通信安全管理监测和各项安防基础工程的建设，全面提高各单位、各部门基础安全防控质量及数字化在线监控水准。

安全话题拓展至电力系统，即电力安全是国家安全的重要基础，其关系国民经济和公民的生活资源。国家核心基础设施是电力系统，经济、信通、交通、供水、燃气供应等领域相关设备安全可靠运行都是以持续稳定的电力供应为前提的。电力安全与政治、金融、网络、社会安全等领域关联紧密，大面积的停电事件会产生横向领域的连锁反应，导致重大经济财产损失，危害国家安全。“碳达峰、碳中和”的能源转型目标也对电力安全提出了更高要求，重点在于加快提升电气化水平，预计 2030 年和 2060 年电气化率将分别超过 35%和 70%，那么电力将越来越明显地反哺于社会和经济的发展。与此同时，日益剧增的新能源接入、大规模电子能源设备的应用，使得电力系统更加复杂，如电力电量平衡、频率调节、电压支撑等问题日益突出，电力部门的稳定可靠运转面临很多全新的挑战。

近年来，安全生产取得实质性进展，但重特大事故时有发生，宏观层面来看，安全生产仍处于动荡期，主要表现在：安全意识薄弱，有些安全观念领导没有宣贯落实到位，部分单位事故层出不穷，安全防范基础工程比较脆弱，监察专职检查停留在表面，没有及时追踪违规问题的处理结果。为推动安全生产形势持续稳定好转，应不断改进安全机制，强化安全生产观，树立“安全第一”的责任意识。

二、电力企业对安全生产管理需求

（一）近年来我国电力安全生产总体状况

2019 年，根据全国安全作业视频会议的议程精神，电网企业需保证非可靠运行率 0%，按更高的准则和严格的要旨完备安全作业全体系，强化核心设备安全风险管控，不断提升应急水平，加强安全监督管理。

一年以来，全国电力行业生产工作安全方面大体稳定，能源安全领域没有发生重大事故，但新的安全趋势也随之而来。经全面分析，全年热能行业安全事故种类有显著上升态势，出现了一些以前较少发生的如溺水、塌陷等事件，值得注意的是，在集中供暖期间，由机组相关设备自身原因导致的临时停运缺陷显著增多，影响了民众和有关单位部门。此外，电网行业全年安全事故也有显著上升态势，高空坠落、触电伤亡增幅较明显，其中青海省发生一起停电事件，对当地企业生产和居民生活造成一定影响。

2020 年，我国电力安全生产形势仍面临若干挑战，在夏季高峰和冬季高峰期间，供热供电压力持续增加，停电、供热机组临时停运、电网设备缺陷风险依然存在。电网部门在协助国家打好疫情战役时，仍需加强自身安全作业的职责，将管控工作更上一个台阶，确保电力大系统可靠运行 100%。

根据 2019 年《全国电力安全生产情况》数据分析，全年火电领域用电相关违规事件 25 件、电力企业 18 件、水利水电领域 4 件、核电领域 2 件、新能源领域 5 件。

从电力安全事故时间分布上看，2019 年全国电力行业安全事故有两个高峰期，分别集中在 4、5 月和 7 月。其中 4、5 月电力安全事故发生起数全年最高，占总数的 27.3%，7 月次之，占总数的 14.9%。分析显示，全年电力行业安全事故集中分布在春检、秋检及迎峰度夏期间。春检期间，电力企业检修、运维压力较大，外包、外协队伍大规模进场，人员安全素养参差不齐，从而造成安全事故。7 月，电力行业进入迎峰度夏，电力企业安全运维压力增大，电力企业安全保障、安全监督机制难以满足现实需求，从而造成安全事故。

从事故类型上看，2019 年电力行业安全事故主要集中在高处坠落、触电两种类型上。全年高处坠落 15 起、触电事故达 14 起，分别占事故总量的 27.3%、25.5%。两种事故类型之和占事故总量的 52.8%。

从事故类型行业分布上看，高处坠落集中在火电行业，火电占全行业高处坠落事故的 53.8%；触电事故集中在电网行业，电网占全行业触电事故的 60.5%。电力行业机械伤害、停电、坍塌等事故则主要集中在发电领域，其中火电行业占比相对较高[1]。

从全国电力行业上看，电力行业安全事故主要集中在高空跌落及触电伤亡，分别占整个行业安全事故总数的 29%及 57%。电力公司安全生产的绝对优先事项是防控高空跌落及触电伤亡。需要注意的是，2019 年，发生电力安全事故的主体人员是外包及外协团队，加强这些群体的安全管理是电网企业当下工作重中之重。

（二）国家电网公司加强当前生产作业现场安全管控

为深入落实国务院相关部门关于安全作业的安排，切实杜绝作业风险，大力扼杀安全伤亡事件，保证生产局势稳定可控，国家电网公司做出如下详细规定：

1. 大力开展生产作业反违章

国家电网公司要求牢固树立“违章就是事故”的理念，严格执行公司《安全生产反违章工作管理办法》，对作业反违章实施“零容忍”。一是开展“查纠我身边的违章”活动。各级别安质管理部门结合《安全生产典型违章 100 条》的规定，加强汇编典型、重复性违规，并形成纸质文档供广大员工深入学习，引导员工互相检查、自我改正和检讨、互相指正，从而将违规行为强力打压下去。二是各个部门设立反违章管理专职，细化到各个层级和不同专业，将责任落实到位。管理工作方面违规以风险评估、施工方案、“两票”管理、工作外委、带班到位、安全措施交接等为重点；工作行为方面违规以《国家电网公司电力安全工作规程》和“两票”执行，安全器械应用，安全措施实施，工作监管等为重点；设备方面违规以安全防控措施、防误碰装备、设备相关标识等为重点。三是建立并完善反违规奖励和惩罚机制，对无违规班组和个人进行表彰，对违规人员进行通报指正，相关奖罚与每月绩效考核挂钩。严查违章，建立从严曝光机制，从而渲染严肃和对生命安全敬畏的风气，培养安全生产是工作重中之重及安全为我的潜意识，养成优秀的作业习惯和严格的工作作风。

2. 全面执行生产作业安全管控标准化

国家电网公司要求以执行《生产作业安全管控标准化工作规范》为契机，推动作业安全管控统一化、规章化、流程化，提升操作水平，预防操作风险。一是自我解读和安排好作业计划，全方位预判安全隐患，专业班组从严判断检修工作的必要性及可执行性，拒绝不合理工作，坚决不干相关风险无法控制及人员设备无法满足安全承受力的工作。特别是对特殊时间段的工作，如节假日、半夜抢修作业，管理要求需要更加严格。二是组织“两票”管理提升活动，严格执行变电站踏勘，明确识别操作风险，编制完整的技术和组织措施，规范填写、“两票”严格实施。三是大力宣传和落实“十不干”，使每位人员掌握“十不干”具体内容，开始作业前对工作任务、停电范围、操作流程、危险事项、安全措施做到“五明确”。四是持续加强运维管理人员“设备主人制”，认真对待对检修人员的许可工作及检修工作前的安全措施排布，结束工作票前做好相关停电设备验收排查工作。此外，倒闸操作规章化、流程化，严格按照典型操作票相关步骤，严谨实行复述要求，确保操作失误率 0%。五是强化“运检合一”规范化建设，对倒闸、专业巡视、布置安全措施、检修工作、结票验收等全周期工作统一化、标准化。严格执行运维检修作业标准化作业卡，严禁跳项、漏项作业。

3. 强化落实安全风险管控措施

国家电网公司要求将防人身反事故措施认真落实，其中重点关注是加强风险作业防控及散点现场工作管理。比如执行《开关柜典型事故案例及安全防范措施》，全面整治老旧开关柜固有结构、泄压通道、内部绝缘、接线方式、机械闭锁等缺陷隐患；工作前准确了解开关柜内结构、带电部位，严禁擅自开启前后柜门、绝缘挡板、检修小窗；运维检修人员应该严格落实防止误操作闭锁管控，实施全面、强制、安全性的“五防”措施；高处作业必须采取搭设脚手架、使用高空作业平台等防坠措施，正确使用合格的安全带、安全绳，转移作业过程不得失去安全保护；应加强应急抢险作业组织，坚持抢险不冒险，运维人员认真履行工作许可手续，检修人员严禁恶劣天气冒险巡视、盲目抢修等。

4. 切实加强安全监督管理

国家电网公司要求充分发挥安全监督体系作用，强化全过程安全监督管理。一是省公司要利用周生产例会，及时通报各单位违章行为，加大对违章整改的督办。市、县公司充分发挥三级安全网作用，及时分析现场风险点和薄弱环节，有针对性地制订防范措施。针对“六查六防”安全生产问题清单梳理发现的问题，抓好督促整改落实。二是开展作业现场专项督查，发挥各级安质部门和安全稽查队作用，认真检查施工方案的编制、变电站风险识别、作业安排和“两票”“十不干”、管理人员到岗到位等落实情况，督促各类现场安全管控措施落实到位。省公司要常态化开展重点督查，市、县公司要实现作业检查全覆盖。三是开展集体企业安全专项检查，与主业单位“同管理、同标准、同要求、同考核”督促集体企业健全安全组织体系、责任体系、制度体系。加强集体企业承揽项目安全管理，严格履行主体责任，严禁劳务分包人员担任工作负责人。四是加强安全监督考核，对安全局面不稳定、存在事故苗头的单位及时约谈。发生安全事故及时通报，严格实施“讲清楚”和“四不放过”制度，从严考核，实行同业对标、绩效考评，同时对事件责任人按相应条款进行处置。

5. 有效组织安全教育培训

国家电网公司要将“安全问题的出现和培训管理不足息息相关”的观点传导下去，不断强化安全警示教育和技术实操训练，按照职位需要学习，按照现场需求学习，因材施教，因岗施教，全面提升人员安全意识和现场实操能力。例如汇编公司系统人身安全事故典型案例，利用视频、动漫等形式，编制培训教材，增强培训效果，强化安全警示教育；开展《国家电网公司电力安全工作规程》普考，做到专业工种和作业人员全覆盖，考试不合格人员一律不得从事现场作业，合格人员要持证上岗。分专业开展岗位适应性培训和安全技能实操实训，提升作业人员风险辨识、“两票”填写、安全措施布置、工器具使用、作业技能水平以及开展触电、窒息、中毒紧急救护和高空救援专题培训，组织班组进行实操演练，提高自救、互救能力等。

三、变电现场作业安全管控需求

（一）标准化作业管控

变电站现场要求规范穿着、统一工作标识、统一工器具管理、统一现场布置、统一质量标准、统一作业流程。统一现场着装，即规范安全帽佩戴、工作服穿着、分包队伍着装，以及个人身份标识等；统一工作标识，即对现场安全工器具、生产工器具、工作用具、现场辅助用具等标识明确清晰；统一工器具管理，即对现场工具、材料及设备要求定置化管理，区域划分做到明确合理、标识清楚，存放场地应平整、坚实，现场按规格型号整洁有序摆放，摆放数量满足工作需要；统一现场布置，即对现场使用的安全围栏、标牌进行统一，重点是结合变电工作内容对作业现场停电工作区、运行区及危险区进行划分，规范现场围栏、标牌使用；统一质量标准，即作业施工执行国家电网公司颁布的有关变电工艺质量标准和典型执行卡，做到“零缺陷”投运，运维及检修按有关质量标准执行[2]；以变电检修作业为例，统一操作流程具体为：发布检修计划后，单位管理组将任务安排到具体执行班组，班员提前做好工作班成员、检修装备、标准化执行卡、安全措施卡等准备工作。检修作业应规范化，有统一执行准则，在本公司执行卡编号应唯一，执行卡中内容遵循步骤明确和言简意赅的原则。工作负责人应管控好作业安全关、质量关及检修效果关；工作班人员应严格参照实行卡进行检修作业，正确使用仪器仪表，同时专人对实验数据及相关设备信息做好纸头记录并逐一形成电子文档且存档。如果在检修中发现特殊情况，规定在一日内将异常情况按相关规章流程上报运检部和有关评估部门，并开始执行缺陷处理流程。检修验收工作分为班组自验收和运维人员验收。停电检修工作，运维人员必须到现场进行验收；带电检测工作，运维人员可结合巡视工作进行验收。

（二）作业现场风险管控

变电站操作现场是一个非静态、复杂多样的环境，是设备、通信、人员动态汇织的场合，是供电公司安全管控的核心重要场所。供电公司应强化变电站工作安全管控，积极控制各种安全事件。现场风险管控有以下四大要求：其一，个人防护要求：针对变电站现场存在的各类风险，工作人员在作业过程中要管理好自身人身安全，避免意外出现时的大伤害。实际中可对人身起到保护价值的设备包括安全帽、防砸鞋、绝缘手套、全棉长袖工作服等。其二，操作设备要求：变电作业现场设备包括起重设备、传动设备、带电监测仪、继电保护调试仪器、特种车辆等，工作人员不得操作有安全隐患的设备。特种设备操作人员必须持证上岗。其三，作业管理要求：供电公司应制订特殊作业的安全和技术组织措施，如动火工作、高处工作、带电作业、进入 SF_6 场所工作等，工作之余单位组织开展风险分析宣贯工作，做到人人明确，提升全员风险意识，从而有效规避违章。其四，现场环境要求：变电工程作业过程是不断变化的，作业现场不断有原材料及设备进入、废旧物品产出，并产生废电缆、废变压器油、退役装置等，使现场设备区杂乱无章，间接发生安全问题。所以，工作人员应在每个工作间隙整顿设备现场，时刻保持整齐且明确各个仪器仪表所在处，从而防控安全事件的发生。

（三）作业计划管控

1. 计划管理

各级专业管理部门按照“谁主管、谁负责”分级管控要求，严格执行“年统筹、月计划、周安排、日管控”制度，完善计划汇编、审核和下发计划制度，单位确立不同专业计划专员，落实管理职责。按照作业计划全覆盖的原则，将各类作业计划纳入管控范围，应用移动作业手段精准安排作业任务，坚决杜绝无计划作业。检修计划即根据投运装置的运行状态、现存异常和用户需求，预先安排相关间隔设备停电时间及检修配置，时间层面来说，计划有年、月、周及每日计划。年计划即根据局运维检修部下达的年大修计划、技改计划及下一年基建工程工作量从而制订的年度计划；月计划即根据年度检修计划、基建遗留问题和设备缺陷等情况，在每月 20 日前编制下一月度生产计划和本月计划完成情况；周计划即根据月度生产计划和临时性工作、工作联系单及设备重要缺陷，在每周五前制订下周计划；日计划即根据周计划和临时性工作、工作联系单及设备重要缺陷，在每天下午三点前下达第二日的工作计划。

2. 作业准备

作业单位以作业计划为依据，按照现场勘察实际，开展管理和作业人员承载力分析，统筹平衡人力、物力等基础资源。“三种人”、专业部门管理人员落实作业组织管理责任，抓好作业方案、“三措”编审批、工作票（施工作业票）填写、班前会等作业准备工作，提前控制安全风险，坚决杜绝超负荷、超能力作业。

现场作业要做好组织措施和技术措施，安全组织措施是保证安全的制度措施之一，包括现场、勘查制度、工作票制度、工作许可制度、工作监护制度以及工作间断、转移和终结制度。检修单位应根据工作任务组织现场勘查；工作票是准许在设备上进行工作的书面安全要求之一，包括编号、工作地点、工作内容、计划工作时间、工作许可时间、工作终结时间、停电范围和安全措施以及工作负责人、工作班组成员等信息；工作许可人在完成施工现场的安全措施后，还应完成相关手续，工作班方可开始工作；工作负责人、专责监护人应始终在工作现场，对工作班人员的安全认真监护，及时纠正不安全行为。技术措施包括停电、验电、接地及悬挂标示牌和装设遮拦。在工作地点应明确应停电设备；在装设接地线或合接地刀闸处对各相分别验电；装设接地线应先接接地端，后接导体端；此外，在变电设备运行中，为了避免工作人员走错间隔，误分、误碰合断路器以及隔离开关造成人员伤亡，必须在相应场所悬挂对应的遮拦和标示牌。

3. 风险预控与公示

从电网安全全局出发，电力企业需要建立电网风险与公示机制，以应对电网基建、设备检修、气候环境变化等因素导致短时电网网架结构薄弱，安全裕度短时下降的问题。从而提升电网风险的管控能力，对各类型电网风险能提前发出预警并落实管控，防患于未然，保障电网的安全稳定运行。

电力企业要健全作业风险分级管控机制，发挥专业管控作用，持续强化作业组织管理，严审作业方案可行性，规范开展风险分析辨识、评估定级，分级制订管控措施，明确到岗到位人员。总部、省（市）公司级单位以周安全风险管控督查工作机制为抓手，规范组织督查例会，严抓作业风险管控的组织管理。

市、县公司级单位结合本单位和现场实际，明确作业风险公示告知形式和内容，通过网站主页、安全生产风险管控平台、移动作业 App、现场公示牌等多种方式，规范开展作业计划和风险公示告知，实现作业风险的全面公示、全员告知和全程监督，确保每名作业人员掌握工作内容、责任分工、风险因素和管控措施。

（四）变电站新设备、新技术安全管控

随着电网的不断发展，新设备、新技术不断涌现在电力生产中，不了解安全程序操作、忽略新设备安全风险管控势必造成安全事故的发生。新设备故障引发电网安全事故原因实质上是新设备使用过程中安全管理的欠缺。新设备实际应用时的安全管控是十分重要的，应制订和落实完整的新设备安全管理制度和操作标准。具体包括应用前的准备工作、应用前期的安全管控和应用期间的安全管控。

新设备应用前的准备工作包括汇编相关管理规程，借助厂家技术人员对检修人员进行线上线下操练，理清新设备附件、配备相关检修仪器仪表、办理转交手续和全面清查其电气参数、物理性能等。使用初期的安全管理内容是指从安装试运行到稳定投产这一段时间。加强设备应用初期管理，使新设备尽早通过早期故障关卡，达到设备性能安全稳定的状态，从而满足变电现场作业保质、保量的需求。此外，还有两个重点需要关注，其一要禁止滥用、超负荷运转及超性能使用，造成设备达到疲劳极限，从而导致安全事件发生；其二避免闲置新设备，合理、安全地使用有利于设备的稳定运行。

【案例 1】某公司某变电站 4 号主变压器（型号为 ODFS－400000/500）套管 TA 绝缘电阻异常事件。事件概况为 2020 年 6 月 14 日，在对新扩 4 号主变压器进行验收时，发现 B 相低压套管升高座 TA 10S 绕组对地绝缘电阻为零，进一步检查发现该绕组直流电阻、励磁特性均不满足要求。该站 4 号主变压器附件交接试验于 4 月 16～18 日开展，试验发现 B 相低压套管升高座 TA 9S 绕组直流电阻、变比、励磁特性均存在异常，经检查确认异常原因为绕组引出线根部位置绝缘破损。在去除原绝缘、重新包扎处理后，对 B 相低压套管升高座 TA 各项绕组（含本次异常的 10S 绕组）进行试验合格。

初步原因分析如下：检查发现 B 相低压套管升高座 TA 10S 绕组引出线与金属盖板接触挤压，绝缘套破损导致引线与升高座短接，如图 1－1 所示。引出线拆除后测试绝缘电阻恢复正常。追溯原因为 4 月现场处理 B 相低压套管升高座 TA 9S 绕组后复装时施工人员安装工艺控制不到位，紧固金属盖板时将 10S 绕组引出线压至金属盖板下部，在盖板挤压下绝缘破损。

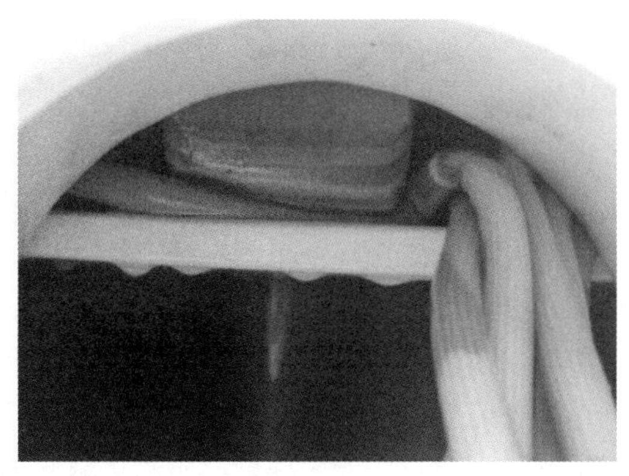
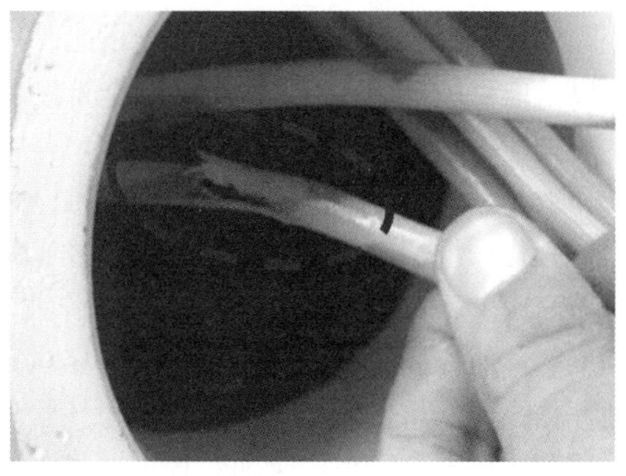

图 1－1 绕组引出线绝缘套破损

此次事件暴露问题如下：① 安装工艺控制不到位。本次套管 TA 异常的直接原因是安装工艺不规范，注意事项不明确，现场人员操作不当、监督不到位。② 安装质量检验不到位。升高座 TA 在安装前开展各项检测试验合格，但安装完后未进行再次测试，导致安装过程中的问题难以及时发现并进行针对性处理。③ 缺陷信息报送不到位（建设公司）。该变电站 4 号主变压器套管 TA 在前期已发生引线破损、焊点掉落等问题，未及时进行报送。

在今后工作中对安全管控提出新的要求，严格落实安全生产主体责任，严格控制新装置安装工艺，明确安装流程、注意事项等内容，按要求完成缺陷处理；优化附件交接试验验收流程，增加并明确安装后试验内容，做好验收把关；加强运行巡视及状态监测。

第三节 “运检合一”安全管控必要性

变电“运检合一”模式下安全管控制度建设、人员和设备管控以及现场作业管控均十分必要，“运检合一”工作模式下的安全管控是保证一切工作顺利进行的前提和基础，是企业安全生产的主体和根本。

一、安全管控制度建设的必要性

传统的运检模式和管理方式将越来越难以适应电网发展和体制变革的需求，也难以满足对大运行、大营销、大建设、大规划体系的系统性支撑和协同，迫切需要创新运检管理模式，提高管理效率和效益，提升各专业协同能力及服务资源利用效率。通过“运检合一”，对生产关系调整，将变电检修、运维两专业纳入同一个部门管理，在部门内部对增量（新进人员）改变，对存量（运维、继电保护检修人员）优化，对个人技能提升，释放人员效率和生产力，能较好地处理以上矛盾。实施“运检合一”，在组织层面（生产关系调整）、个人技能层面（生产力突破）进行改革，能较好地处理当前运检专业碰到的主要问题，进一步释放改革“红利”，促进安全质量效率效益提升，符合国家电网公司和浙江公司要求，因此，必要性很强。但是新工作模式下，势必会造成制度建设不到位、流程监督不到位的情况，对于特定的工作管理、应急管理、事故管理难免会无章可循，所以，应积极构建“运检合一”安全管控制度长效机制。

构建“运检合一”安全管理制度，是市公司完善安全风险分级管理的重要举措；建立作业计划安全管控，将安全作业标准一体化工作进展下去，严格执行“二十五项”反措，强化一线班组自身安全管理和外委工程管控，安全专职加强变电站一线巡检质量，对“三违”行为做到“零容忍”；建立作业安全、电网风险安全预警管控和安全风险提示制度，从而提高全站设备装置维护检修质量，精准掌握变电站安全情况，充实完备安全性评估；建立日常安全管理和安全考核管理，有助于监督运检人员对系统运行方式进行剖判和排查设备隐患，全面管理电网风险，同步解决涉及主网安全问题，防范化解变电站安全隐患。

二、人员及设备管控的必要性

（一）“运检合一”模式下人员管控

“我国电力行业安全生产事故多发，去除客观原因，人为因素是主因。有章不循，有法不依是关键因素。电力安全教育培训应该对安全生产责任落实、隐患排查工具方法、心理学角度上的安全生产文化灌输、人因安全事故因素等方面进行再教育。”在 2017 年安全生产第一次专家研讨会上，国家能源局领导的讲话字字有力，掷地有声。

新的“运检合一”工作模式下，运维、检修两个专业的生产资源重组优化，大幅提高组织运作的效率和效益和提高队伍技能的同时，对员工“一岗多能”及“全科医生”的要求不断提高，然而部分职工大局观、责任心、补位意识、执行力不强。安全生产上仍存在部分风险点、隐患点和薄弱环节，亟需重视和整改。具体可论述为如下三点：

（1）部分人员角色互换后，工作班成员安全意识薄弱，实操技能偏弱，运维、检修两专业合并办公后，在站内工作时一些班员主观性太强，无视相关规章制度，导致有关安全措施布置不合理。

（2）运维、检修人员交接后，会导致部分安全生产责任落实不到位。部分人员不按制度执行，不讲基本原则，各级人员没有履职尽责，存在遗漏或者重复性工作情况，从而造成触电或高处坠落事故等。

（3）“运检合一”后相关安全监督失效。电力企业相关安监专职现场巡查停留于表面、督查效果差强人意、不及时督促隐患消缺闭环、奖罚力度不够等原因导致安全督查低效，继而引发高空坠落、触电伤亡等事件。

【案例 2】某 110kV 变电站停电检修。站长武某（运行人员）在验收设备时，发现 110kV 某线路电流互感器漏油未清扫，要求检修人员重新清扫，被检修负责人拒绝并发生争执，检修负责人称运行人员应当做这项工作。武某情绪激动，即带领两位当值值班员一起去清扫该设备。到达工作地点后，武某未戴安全帽，即用竹梯登上该电流互感器架构，一只脚踩在架构槽钢上，另一只脚在移动时踏空，从距地高 2.7m 的架构上摔下，头后侧撞地死亡。

该事件暴露的安全问题：一是工作班违反全部工作完毕后，工作班应清扫、整理现场的规定；依赖同部门人员，遗漏相关工作；忽略严谨的工作流程机制。二是运行人员作业时思想状态不集中。三是运行人员在登高作业时没有系安全带，未正确佩戴安全帽，其安全意识淡薄，不按规章制度办事，安全措施执行不到位。

因此，制度化、持续化、规范化一定要贯彻到安全管理中，“终结符”不存在于安全领域。唯独安全常挂心中，安全才能出效益，才能构建企业快速、健康发展的保障。

（二）“运检合一”模式下设备状态管控

近年来，变电站新设备质量、施工工艺参差不齐，设备老旧现象突出，现场变电设备的各类遗留缺陷已达到一定数量，变电设备可靠运行的潜在威胁与日俱增；智能站、就地化保护等一些技术本身不成熟，方向是这个方向，但技术领域不成熟，导致风险隐患的增多。运维、检修单独作业时对相关设备维护和检修流程十分严谨，“运检合一”后势必会造成作业方式的松懈，对相关设备维护、检修不到位的情况；在应急消缺处理过程中，运检人员该如何配合完成缺陷设备隔离、装置紧急修理、恢复用户正常用电的过程是系统性的问题，容易形成抢修混乱、相互推诿的情况；在缺陷管控方面，运检协同评估处理，虽然协调更为顺畅，但是可能造成责任归属不明确的问题；部分专业正规巡检容易沦为日常巡视，巡视质量大幅度下降，导致不能及时暴露问题并处理缺陷，使得装置稳定运行状态不达标。

因此，应加强运维、检修设备管理，明确双方安全责任，认真履行安全管理职责，依法依规管理，杜绝“相互代管、代而不管”现象；督促运检人员按要求完善变电设备管理体系，配备专业设备管理人员，提高“运检合一”工作模式下设备管理水平；有针对性地开展变电设备安全教育培训工作，强化各类人员安全意识、应急管理意识和实际操作能力的提高；不断提升应急防范、逃生避险、自救互救能力；认真做好特种设备安装、拆除等危险作业行为的安全交底工作，开展“运检合一”队伍变电设备专项监督检查，督促作业人员严格按照变电设备操作规程规范操作，杜绝各类违章现象。因此，加强“运检合一”模式下设备状态管控力很有必要。

通过加强“运检合一”模式下设备状态管控力，在常规工作中，运维和检修人员借助专业汇合，成熟变通两种不同的身份，使运维及检修工作强化互补。新的工作模式敲除了检修及运维两专业围墙，将故障的检查上报及变电消缺的职责进行了整合，改变以往运维及检修两科室独自为营，责任不明确的弊端；减少了重复流程，如待工、勘察、验收等步骤，提升了工作效率，保证设备安全性。

三、现场作业管控的必要性

新的运检模式对作业现场安全管控也提出了新的要求，今年以来，电力企业发生了很多起严重的安全事件，安全态势不容乐观。“运检合一”新的工作模式下运检人员会一起全周期管理防控变电站设备技术改造工作、各自以主人翁身份参与到综合检修中，实时跟踪消缺情况等，运维、检修人员的管理思维和实操技术将逐渐汇合。随之而来对作业现场管控也会产生一系列问题，具体如下：

（1）“运检合一”后，部分检修人员工作时忽略了之前严谨的工作作风，运维人员松懈了本专业原先安全监护的职责，导致部分人员不按规定办事，违反劳动章程和纪律，从而致使风险防控低质量化。

（2）新工作模式下，临时性工作增多，导致相关工作没有制订计划、舍弃工程前期踏勘、没有明确的间隔作业执行卡、低效的工作安排和专职监护人员失职等问题，因而致使高空坠落、触电伤亡等事件。

（3）部分工作监管执法不力，走过场、宽松软，查出问题不落实，查而不处，部门安全监管查处实际上放松，导致本质安全基础不牢固，日常离散工作量大、面广，从而隐患突出。

（4）由于专业视角和个人习惯不同带来的现场作业中工作票管理的差异。

【案例 3】 某 330kV 变电站按计划进行 1 号变压器单元停电检修工作。9 时 23 分，值班员许可变电二次班第一种工作票工作。工作负责人伍某进行了人员分工和“两交底”。第一小组由刘某负责带领蒋某等 3 人进行 35kV 4 个间隔的校验传动工作，第二小组由陈某负责带领孙某等 2 人进行 1 号变压器保护装置的校验传动工作。15 时左右，工作负责人伍某将第一小组工作班成员蒋某调至第二小组，由蒋某、孙某在保护小室内保护屏进行通流。16 时 42 分，蒋某到 1 号主变压器保护 A 柜前和伍某电话进行工作联系，此时在保护屏后的孙某在未告知任何人的情况下，独自在主变压器录波器柜端子排上打开Ⅲ D–41（A4262）电流端子连接片时，发现打火花，3 号主变压器跳闸，110kV 母线失压。孙某意识到连接片打错，随后恢复该连接片。本次事故导致所供的 6 座铁路牵引变压器及 15 座 110kV 变电站失压。

该起事故中的违章行为：① 工作班成员脱离监护，未核对设备位置和名称，未填用二次工作安全措施票，误将 3 号主变压器电流端子当成 1 号主变压器的电流端子，打开连接片，造成 3 号主变压器公共绕组 A 相电流互感器开路产生差流，引起分侧差动保护动作。② 现场作业的隔离措施不彻底，工作地点主变压器故障录波器屏运行设备和检修设备同屏，未采取安全隔离措施。

因此，应加强变电“运检合一”模式下现场作业管控，一是完成现场作业从前期准备到检后评估全过程管控机制，设备主人全过程参与变电站综合检修和新建基建工程监管，并对检修结果进行评估。保障“应修必修、修必修好”“零缺陷投产”落到实处。二是推进综合检修模式，合理安排技改、大修项目，实现检修资源规模化应用，降低检修成本，统筹提高检修效率，从而持续提升设备健康水平。三是消除运维、检修职责壁垒，统一思想和策略，由中心技术组带队，运维和检修人员相互协同，对所辖变电站缺陷进行现场审核、排查、治理，从而全面提升缺陷处置能力。四是持续深化安全稽查，对检查发现的各类问题进行分析，提出解决意见和建议，同时对近年来发现的现场违章及不规范行为进行统计分析，持续完善变电作业现场实例库。五是强化设备全寿命周期管理，落实设备主人和检修人员深入厂家见证问题处理。深入推行运检设备主人关口前移，实现全过程管控。六是统一运维与检修工作票格式、内容等要求和习惯，消除由于专业视角和个人习惯不同带来的工作票管理差异，从而统一规范标准化作业。

第四节 “运检合一”安全管控体系建设

电力安全管理工作是一个非静态、复杂且系统的管理工作，涉猎面广且多变，一定警钟长鸣，将突发事件扼杀在摇篮之中。强化安全生产第一意识，是保证一切工作顺利进行的前提和基础，安全是不可逾越的“红线和底线”，是企业安全生产的主体和根本。所以，企业主要负责人及广大企业员工只有不断强化主体责任和本质安全意识，才能在安全生产工作上处处领先、招招见实效，才能避免低级错误的发生。

通过分析变电“运检合一”的内在需求，密切关注“运检合一”进程中，对设备安全、设备质量的管控，坚定建设“运检合一”的信念，积极开拓“运检合一”模式下的安全生产体系建设，推进电网变电运检模式发展，提高设备本质安全，实现安全管理、人员及设备管控的重大突破。

结合国家、电网公司对安全生产提出的要求，以及相关法律法规制度，提出变电“运检合一”模式下的安全体系建设。具体为“五个管住”，即“管住计划、管住现场、管住风险、管住队伍、管住人员”，其五个要素彼此联系、相互融合，计划是作业风险管控的源头，队伍是保障现场作业安全的基础，人员是作业风险管控措施落实的关键，现场是风险管控和安全措施聚焦的核心。

变电作业中管住计划是源头，计划管理是建立和维持良好生产作业秩序的前提，计划专职应结合工程进度、现场设备风险状态合理安排工作、到岗到位等资源，有针对性、计划性地布置安全措施，实现风险发生率最低化。管住计划就是要求各级管理人员抓牢作业计划这一龙头，通过严格的计划管控，提前合理安排变电站相关停电和不停电工作、班员提前准备工器具和文本资料，管理人员加强对汇编完成的计划进行审核，对工作中可能出现的安全问题进行提前预判，从而编制安全风险预控条款，实现风险的超前预防和事故防范关口前移，为“管住队伍、管住人员、管住现场”提供管理和资源的源头保障。

变电作业中管住现场是核心，现场是队伍、人员、物资等生产要素和计划、组织、实施等管理行为动态交汇的场所，也是作业风险管控的落脚点。管住现场就是在管住计划、管住人员、管住队伍的基础上，通过发挥专业保证和监督体系协同管控作用，强化作业现场技术管控，提升标准化、机械化作业能力；依托安全生产风险管控平台和各级安全管控中心，应用数字化智能管控手段，强化对作业现场的全过程、全覆盖监督管控，确保管控措施有效落实。

变电作业中管住风险是重中之重，在“运检合一”的大背景下，为了保证“重安全、主预防、综合治理”理念能高效宣贯，一定要开展变电业务中风险管控工作，促进作业项目安全风险管控系统的建设和深化应用，规范作业项目风险的辨识、评估和预控；必须严格按照相关文件与标准执行，明确部门及人员职能，落实电网风险安全预警管控工作，对变电站检修业务进行风险预判、测估、探讨及管理，有效提升风险管理业务质量。

变电作业中管住队伍是基础，队伍是作业组织实施的载体，技术技能水平高、安全履责能力强的队伍是保障现场作业安全有序组织实施的基础。管住队伍就是充分运用法治化和市场化手段，通过建立公平、公正、公开的安全准入和退出机制，把真正懂管理、有技术、有能力的队伍留在作业现场，为“管住现场”提供基础保障。同时应用安全生产风险管控平台，对意外安全事故进行实时统计和分析，对工作团队安全管理效果进行持续判断和测评，并在省（市）公司级单位范围内实现评价记录互通，督促作业队伍切实履行安全主体责任、加大安全投入、提高安全管控能力。

变电作业中管住人员是关键，人是现场作业和管控措施执行的主体，也是作业风险管控最关键因素。管住人员就是通过建立完善的人员安全准入、评价、奖惩、退出等制度规范体系，对各类作业人员实施严格的安全准入考试、违章记分管控和安全激励约束，强化全方位、全过程的监督管理，以安全制度规范人、用监督管控约束人、拿安全绩效引导人，做到“知信行”合一，切实增强作业人员主动安全意识和能力，为“管住现场”提供关键保障。

“安全永远第一，珍爱生命”是无数电网人心中的信念。严格加强和贯彻落实安全管理就是对尊敬鲜活生命的最好的诠释。作为管理者要牢记“生命至上”的初衷和底线，牢牢守护广大员工的生命财产安全，牢牢把握劳动人民的幸福生活。生产实施者更要明白安全生产即是为了自己、为了家人、为了公司这个道理。

总而言之，安全是企业之魂，是企业赖以生存与发展的基础。安全生产是安全与生产的有机结合，安全促进生产，生产必须安全。企业必须时刻发扬“以人为本，安全发展”的精神，防微杜渐，警钟长鸣！

第二章

“运检合一”安全制度建设

“运检合一”安全制度在电网企业“运检合一”新管理模式下，确保运检安全高效融合开展的全业务流程中，发挥着非常重要的作用，它是通过具有强制性和激励性的方法，有力确保安全生产目标得以实现。制度就是规则，只有一切行为遵守规则，上下左右才能顺畅；制度意味着要有秩序，只有按照程序办事，各项工作才能顺利衔接、善始善终；制度意味着承担职责，只有依章守法办事，才能根本地履行自己的安全责任；制度意味着平衡冲突，它规定了各方的权利与义务，致使利益冲突各方达到某种相对的平衡。

第一节　“运检合一”安全制度的意义

安全制度建立的意义是为贯彻国家有关生产法律法规、国家和行业标准，为贯彻国家安全生产方针政策提供行动指南，是有效防范安全生产风险、减少安全生产隐患、保障工作人员的人身安全和健康，加强安全生产管理的重要措施。搞好安全生产工作有助于巩固社会的安定，为国家的经济建设提供稳定的政治环境具有现实的意义；对于保护社会劳动生产力，均衡发展各行业、各部门的经济劳动力资源具有重要的作用；对于累积社会财富、降低经济损失具有实在的经济效益；对于生产员工的生命安全与健康，家庭的幸福和生活的质量，具有直接的影响。

为加强电力企业生产工作的劳动保护，改善电力企业生产工作的劳动条件，保护电力劳动者在生产过程中的安全和健康，促进公司事业的发展，电力企业应根据有关劳动保护法令、法规相关规定，结合公司实际情况制订电力企业安全制度。对于电力企业来说，做好劳动保护工作、保障企业安全生产除了具有重要的政治意义和社会效益外，重要的是还具有现实的经济意义。一旦发生生产事故，不但会带来直接的经济损失，还会出现大量在工效、劳动者身心、品牌名誉、企业资源无益耗费等间接的损失。

“运检合一”安全制度是一种变电运维检修新模式下的新安全制度，考虑到变电运维和变电检修两个专业打破壁垒、资源重组以及业务流程出现的新情况，提出了“运检合一”单位安全生产标准化规范项目，规定了“运检合一”单位安全生产目标、安全管理例行工作、安全生产责任制、安全管理规章制度、宣传教育培训、生产设备设施、现场作业安全、隐患排查和治理、职业健康、应急处置、事故调查处理以及奖惩考评等方面的内容和要求，以适应当前“运检合一”发展的客观需要。

第二节 “运检合一”安全制度的制订

评估分析“运检合一”业务开展深度和进度，“运检合一”融合过程中业务流程的变化，“运检合一”融合过程中存在的危险因素。划分“运检合一”模式下的业务界面和安全职责界面。研究制订符合“运检合一”业务开展实际情况的安全制度，明确单位、班组、岗位的安全生产目标和安全生产职责，区分制订运检班组和检修班组的安全管理规章制度，内容要涉及安全生产各个方面，从安全管理例行工作、生产设备设施、现场作业安全、隐患排查和治理、应急处置、事故调查处理以及奖惩考评等，并且这些内容是有机、系统的结合，具备系统性和全面性，从而有利于增强其对设备安全和质量管控的保障作用，进一步提升设备本质安全和供电可靠性。

一、安全制度制订的原则

合法化原则。安全制度的内容必须合法，要符合国家法律、法规的要求。

前瞻性原则。安全制度的制订要具备前瞻性，能顺应社会发展趋势动向，打好一定的提前量，使制度有一段相对的稳定发展期，避免引起人们思想上的混乱。

系统性原则。安全制度的制订要成系统，符合科学性和逻辑性要求，块与块之间、条与条之间衔接顺畅，既能独立成章又可连为整体。

普遍性原则。安全制度的制订要满足干部职工的认知能力水平，具有普遍认同度和可操作性，力求明确清晰、通俗易懂，公正严格。

二、“运检合一”安全制度

（一）安全生产目标

1. 目标制订

运检单位应根据现场生产实际，以保护人身、保护电网、保护设备为原则，制订规划中心当前一段时期内和年度的安全生产目标。

运检单位的安全生产目标应明确运检单位安全状况在人员、设备、作业环境、管理等方面的指标（如负有责任的重伤及以上人身伤亡事故不发生，负有责任的一般及以上电力设备事故不发生，电力安全事故及火灾、交通事故等对社会造成重大不良影响的安全事件不发生）。

安全生产目标应科学、合理，并能体现分级控制的原则。

安全生产目标应经运检单位主要负责人的审批，并以文件形式下达。

2. 目标的控制与落实

运检单位根据安全生产目标，按照所属基层管理部门在生产经营中的相应职能，制订具体的实施计划、安全指标。

运检单位应按照基层管理部门、班组的安全生产职责，将安全生产目标自上而下地逐级分解，层层落实。并实施企业与员工对目标责任、指标的双向承诺。

依据分级控制的原则，制订控制措施以保证安全生产目标的实现，措施要明确、具体，同时具有可操作性。

3. 目标的监督与考核

制订安全生产目标考核办法。

要对安全生产目标实施计划的执行情况定期进行监督与检查。

安全生产目标完成情况要按规定进行评估与考核。

（二）安全管理例行工作

1. 安全分析会

运检单位应每月召开一次安全分析会。会议由运检单位主要负责人（或委托分管领导）主持，有关部门负责人和班组负责人参加，综合分析安全生产状况，及时总结安全事故（事件）及安全生产管理上的薄弱环节，研究相应的预防对策。运检单位主要负责人至少每季度主持一次。

2. 安全监督及安全网例会

运检单位安全监督部门负责人每月应主持召开一次安全网例会。安全网成员参加，传达安全分析会精神，分析安全生产和安全监督现状，制订对策。

3. 安全日活动

运检单位的班组应定期按时组织安全日活动，学习上级单位、本单位有关安全生产的指示精神和规定、安全事故通报以及本岗位安全生产知识，交流安全生产工作经验，分析本岗位安全生产风险和预防措施。

运检单位领导、班组管理人员每月应至少参加一次班组安全日活动，运检单位安全监督人员要做好安全日活动的检查。

4. 班前、班后会

运检班组建立“一班三检”制度。

每日工作前召开班前会。班前会要结合当天工作任务、设备及系统运行方式做好危险点分析，布置安全措施，讲解安全注意事项，并做好记录。班中开展重点部位安全生产检查（即“点检”）、作业区域安全生产巡查（即“巡检”），检查安全措施执行情况。当天工作结束后召开班后会，及时总结当班工作情况，分析工作中存在的问题，提出改进意见和建议，并做好记录。

5. 安全检查

运检单位应结合季节性特点和事故规律，定期或不定期组织开展安全隐患检查和隐患排查。

安全检查前应编制检查提纲或“安全检查表”，对查出问题制订整改计划并监督落实，安全检查后进行总结，对整改计划实施情况要进行考核。

6. 安全评价

运检单位应结合安全生产实际，定期组织开展安全评价或风险评估。

运检单位应认真做好评价（评估）、分析、评估、整改工作，以3～5年为周期，实现安全评价（评估）闭环动态管理。

7. 安全简报

运检单位应定期或不定期编写安全简报、通报、快报，综合安全情况，吸取事故教训。安全简报至少每月一期。

8. 安全生产月及其他

安全生产月及上级部署的其他安全活动，做到有组织、有方案、有总结、有考核。

（三）安全生产责任制

1. 第一责任人职责

运检单位主要负责人应按照《安全生产法》及有关法律法规规定，履行安全生产第一责任人职责。

全面负责安全生产工作，并承担安全生产义务。

2. 其他副职的职责

主管生产的负责人统筹组织生产过程中各项安全生产制度和措施的落实，完善安全生产条件，对运检单位安全生产工作负重要领导责任。

安全生产工作的负责人协助主要负责人落实各项安全生产法律法规、标准，统筹协调和综合管理安全生产工作，对运检单位安全生产工作负综合管理领导责任。

其他副职在自己分管的专业班组安全生产工作中，为第一责任人，对专业班组安全生产负全责。

3. 全员安全责任制度

制订符合运检单位机构设置的安全生产责任制，明确各级、各类岗位人员安全生产责任制。应包括运检单位负责人及管理人员应定期参与重大操作和施工现场作业监督检查。

安全责任制度应随机构、人员变更及时修订。

4. 安全责任制度考核与追究

各级、各类岗位人员都要认真履行岗位安全生产职责，严格执行安全生产法规、规程、制度。运检单位应建立安全责任分级考核、奖励和追究制度，定期对各级人员安全生产职责履行情况进行检查、考核。

（四）安全管理规章制度

1. 新规章制度的编制

运检单位安全管理规章制度的建立，应遵守国家的安全生产法律法规，并将相关要求及时转化为本单位的规章制度，贯彻到各项工作中。

建立健全的安全管理规章制度，还需要符合行业标准要求各项管理制度，并发放到相关工作岗位，规范从业人员的生产作业行为。同时参考辅助于安全监督的技术要求及

流程、运检专业作业流程，确保制订的安全管理规章制度符合生产作业实际。

运检单位应配备行业有关安全生产规程、标准、规范。

运检单位应根据本单位实际情况业务流程的变化，进行研判和比对，梳理并编制运检规程、设备试验、事故（事件）调查规程，系统图册、相关设备操作规程等有关安全生产规程，有利于现场实际作业安全管控。

运检单位应将有关规程发放到相关岗位。

2. 评估与修订

每年至少一次对安全生产法律法规、标准规范、规章制度、操作规程的执行情况进行检查；对企业规章制度、操作规程及执行情况进行“合规性评价”，并形成记录。

梳理现有的安全生产法律法规、标准规范、规章制度、操作规程，检查是否有新增项目，是否有修订需要，发生变化的内容对安全管理执行是否有重大偏差，若无则可暂不修改。根据有效的法律法规、标准、规程、规范，结合评估情况、安全检查反馈问题、生产事故案例、绩效评定等，修订、完善规章制度、操作规程。

每年发布“可以继续执行”的有效规程制度文件；公布现行有效的规程制度及现场规程制度清单。

每3～5年对有关制度、规程进行一次全面修订，针对评价出的变化进行修订。

规章制度、操作规程修订、审查应履行审批手续。

3. 文件和档案管理

严格执行文件和档案管理制度，确保安全规章制度、规程编制、使用、评审、修订的效力，使运检单位的安全生产文件和档案管理规范化、程序化。

建立安全档案的目录清单，包含主要安全生产过程、事件、活动、检查的安全记录档案（含影像、录音、电子光盘等），并加强对安全记录的有效管理。安全档案至少包括：班组安全工作记录；日常业务工作记录；安全奖惩档案；反违章管理档案；安全隐患档案；专项工作管理档案；事故（件）调查报告；安全文件；安全管理制度；安全会议通知、记录、纪要；安全检查记录等，框架排列要科学有序。

落实安全档案的具体管理要求，明确管理专职人员，明确档案定置定向管理。每年对档案进行检查，检查档案是否有损毁，收进移除是否准确，并做好记录。

（五）宣传教育培训

1. 安全生产管理人员教育培训

运检单位的主要负责人和安全生产管理人员，必须具备与本单位所从事的生产经营活动相适应的安全生产知识和管理能力。法律法规要求必须对其安全生产知识和管理能力进行考核的，须经考核合格后方可任职。

运检单位的主要负责人和安全生产管理人员的安全生产管理培训时间不得少于32学时，每年再培训时间不得少于12学时。

2. 生产岗位人员教育培训

（1）基本要求。运检单位每年应对生产岗位人员进行生产技能培训、安全教育和安全规程考试，使其熟悉有关的安全生产规章制度和安全操作规程，掌握触电解救及心肺复苏方法，并确认其能力符合岗位要求，其中，班组长的安全培训应符合国家有关要求。

工作票签发人、工作负责人、工作许可人须经安全培训、考试合格并公布。

未经安全教育培训，或培训考核不合格的从业人员，不得上岗作业。

（2）新员工培训。新员工在上岗前必须进行安全教育培训，岗前培训时间不得少于24 学时。危险性较大的岗位人员应熟悉与工作有关的氧气、氢气、乙炔、六氟化硫、酸、碱、油等危险介质的物理、化学特性，培训时间不得少于 48 学时。

（3）四新培训。在新工艺、新技术、新材料、新设备设施投入使用前，应对有关操作岗位人员进行专门的安全教育和培训。

（4）转岗培训。生产岗位人员转岗、离岗三个月以上重新上岗者，应进行安全生产教育培训和考试，考试合格方可上岗。

（5）特种作业与特种设备操作人员培训。特种作业人员和特种设备作业人员应按有关规定接受专门的安全培训，经考核合格并取得有效资格证书后，方可上岗作业。离开作业岗位达 6 个月以上的作业人员，应重新进行实际操作考核，经确认合格后方可上岗作业。

（6）其他人员教育培训。运检单位应对相关方人员进行安全教育培训。作业人员进入作业现场前，应由作业现场所在单位对其进行现场有关安全知识的教育培训，并经有关部门考试合格。

运检单位应对参观、学习等外来人员进行有关安全知识教育，告知存在的危险因素，防范措施和应急处置方法，并做好相关监护工作。

（六）生产设备设施

1. 生产设备设施建设

新建、扩建、技改等项目的所有设备设施应符合有关法律法规、标准规范要求。安全设备设施应与建设项目主体工程同时设计、同时施工、同时投入生产和使用。

运检单位应按规定对扩建、技改等项目建议书、可行性研究、初步设计、总体开工方案、开工前安全条件确认和竣工验收等阶段进行规范管理。工程项目设计、施工、监理单位应具备相应资质。明确工程项目的管理单位、设计、施工和监理的安全生产管理职责，并签订安全生产管理协议。不得对勘察、设计、施工、工程监理等单位提出不符合建设工程安全生产法律、法规和强制性标准规定的要求，不得压缩合同约定的工期。

及时办理项目规划、用地、报建等相关手续。组织工程项目管理单位、设计单位、施工单位和监理单位对工程建设过程中潜在的风险进行评估，编制施工方案。确保在工程项目实施前进行全面的安全技术交底，并实施全面质量管理。工程项目管理单位应定期对施工现场进行安全检查，并确保检查发现的问题得到及时处理。

2. 设备设施运行管理

（1）管理基础工作。运检单位应对生产设备设施进行规范化管理，明确设备设施运行维护负责主体、运行管理部门及其责任，保证其安全运行。代维护管理和委托维护管

理应签订代维护、委托管理协议，明确双方的安全责任。完善生产设备生命周期的技术档案管理，分类建立完善主要设备台账、技术资料和图纸等资料。组织制订并落实设备治理规划和年度治理计划。加强设备质量管理，完善设备质量标准、缺陷管理、设备异动管理等制度，新设备投入运行验收制度，明确相应工作程序和流程。保证备品、备件满足生产需求。旧设备拆除前应进行风险评估，制订拆除计划、方案和安全措施。

（2）技术监督管理。运检单位应建立电能质量、绝缘、电测、继电保护与安全自动装置、热工、节能、环保、化学等技术监控（督）管理网络体系和标准体系。落实各级监督部门职责和考核制度。制订年度工作计划。组织或参加新建、扩建、改建工程的设计审查、主要设备的建造验收及安装、调试、试运行等过程中的技术监督和基建交接验收的技术监督。组织实施大修技改项目质量技术监督。定期组织召开技术监督工作会议，总结、交流监督工作经验，通报信息，部署下阶段工作。

对所管辖设备按规定进行监测，对设备检修、维护的质量进行监督，并保持技术监督台账、报告。制订技术改造管理办法，定期对设备运行状况进行综合与专题分析和重大项目可行性研究，组织编制项目实施的组织措施、技术措施和安全措施。

（3）运检管理。建立变电设备及其附属设备的运行管理制度，执行变电运行规程，监视设备运行工况，按照规定进行设备巡视维护、检测试验，保持设备完好。完善设备的本质安全化功能，防止误操作措施健全，安全自动装置和继电保护正确投入。设备正常、异常运行、试验、缺陷、故障、操作等各种记录或电子备份档案齐全。

监督运维值守人员严格执行调度命令、“两票三制”和安全工作规程等规程制度。完善设备检修安全技术措施，做好检修许可、监护、验收等工作。合理安排运行方式；做好事故预想，开展反事故演习。

制订并执行设备检修管理制度，各种检修、维修计划齐全，健全设备检修管理机构，规范检修管理，编制检修进度网络图或进度控制表。检修方案实行危险点分析或检修作业指导书，对重大项目实行安全组织措施、技术措施、安全措施及施工方案，执行检修过程隐患控制措施，并进行监督检查。

严格执行工作票制度，落实各项安全措施。检修现场隔离围栏完整，安全措施落实，并应分区域管理，检修物品实行定置管理。安全设施不得随意拆除、挪用或弃之不用，检修拆除的，检修结束立即复原。严格工艺要求和质量标准，实行检修质量控制和监督三级验收制度。检修完毕清理现场，垃圾、废料处理及时，保护环境。

（4）设备全寿命期管理。设备的设计、制造、安装、使用、检测、维修、改造、拆除和报废，应符合有关法律法规、标准规范的要求。执行生产设备设施到货验收和报废管理制度，使用质量合格、符合设计要求的生产设备设施。拆除的生产设备设施应按规定进行处置。拆除的生产设备设施涉及危险物品的，须制订危险物品处置方案和应急措施，并严格按规定组织实施。

（5）电力设施保护管理。加强对电力设施的保护工作，对危害电力设施安全的行为，应采取适当措施，予以制止。在依法划定的电力设施保护区内种植的或自然生长的可能危及电力设施安全的树木、竹子，应依法予以修剪或砍伐。

开展保护电力设施的宣传教育工作；健全保护区内的警示标志。加大电力设施费用投入，加固、修缮重要线路防护体，按照需求配置、更新安保器材和防爆装置。在重要电力设施内部及周界安装视频监控、高压脉冲电网、远红外报警等技防系统，可以根据需要将重点部位视频监控系统配合公安机关接入保安监控系统。

对重要电力设施、生产场所采用专业或兼职安保人员进行现场值守，并巡视检查，实施群众护线责任制。重要保电时段，根据安全运行影响程度，对重要的电力设施和生产场所应按有关规定采用警企联防等保卫方式。

（七）现场作业安全

1. 生产现场和过程控制管理

运检单位应对建（构）筑物、安全设施、现场照明、电源箱等加强生产现场安全管理，布局合理且符合安全要求。

加强生产过程的控制。对生产过程及物料、设备设施、器材、通道、作业环境等存在的隐患，应进行分析和控制，并定期评估。

带电作业、全部停电和部分停电作业、临时抢修作业（检修、试验、测量等）。应遵守《国家电网公司电力安全工作规程》中使用工作票、操作票的规定进行。每项作业都应进行危险点分析，并制订安全措施或作业指导书。

建立现场作业风险控制制度。实施开工前风险预控、作业过程中风险动态监控、作业结束进行风险控制总结。

2. 作业行为管理

（1）持证上岗管理。应健全和完善各个岗位安全生产上岗条件、考核办法，并实施岗位达标评估。

应健全特种作业和特种设备作业资格证有效期监督管理制度、档案、台账。

应每年公布一次工作票签发人、负责人、许可人及有权单独巡视电气设备人员名单，并下发至班组、站。

（2）不安全行为控制。运检单位生产管理、作业岗位人员必须经过培训、取得相应资格证。现场运行操作、检修、试验人员应严格执行调度命令、电气设备现场操作的录音或录像制度；严格执行调度命令票、操作票制度等“两票三制”、带电作业操作规程、继电保护现场安全规程。

严格执行安全工作规程和现场工作安全技术措施及现场作业行为隐患、设备设施使用隐患、技术隐患进行危险分析及全过程风险控制。现场作业组织科学，分工明确，作业人员精神状态良好，能承担相应工作的劳动负荷。

安全工器具合格有效、适用，管理标准化。

（3）特种作业与特种设备操作。建立高处作业安全管理规定（含脚手架验收和使用管理规定），有关作业人员须持证上岗。高处作业使用的脚手架应由取得相应资质的专业人员进行搭设，特殊情况或者使用场所有规定的脚手架应专门设计。

制订起重作业管理制度，进行爆破、吊装等危险作业时，应当安排专人进行现场安全管理，确保安全规程的遵守和安全措施的落实。指挥人员、操作人员持证上岗；严格执行起重设备操作规程。在带电设备区或重大物件起吊、爆破应制订安全方案；并有专人指挥，落实安全措施；防止触电和损坏运行电气设备。

有限空间作业要制订管理制度，实行专人监护，并落实防火及逃生等措施，如电缆隧道、电缆沟、阴井、变压器壳内等作业。进入有限空间危险场所作业要先测定氧气、有害气体等气体浓度，符合安全要求方可进入。在有限空间内作业时要进行通风换气，并保证对有害气体浓度测定次数或连续检测，严禁向内部输送氧气；并符合安全要求和消防规定方可工作。

3. 安全工器具及警示标志

建立安全工器具（安全帽、绝缘杆、绝缘靴、绝缘手套、安全带、安全网、绝缘板和接地线等）及警示标志（各种固定、临时警告牌）管理制度，按照国家标准和有关规定，实行采购、发放、试验、使用、报废全过程控制，管理标准化。

根据作业场所的实际情况和有关规定，在有设备设施捡维修、施工、吊装等作业场所，设置明显的安全警戒区域和警示标志，进行危险提示、警示，告知应急措施等。

在设备设施上设置固定的设备名称、编号；在检维修、施工、吊装等作业现场设置临时的警戒区域和警示标志，在检维修现场的坑、井、洼、沟、陡坡等场所设置围栏和警示标志。

4. 作业流程标准与规范

制订工作票标准化流程、变电检修作业指导书，使现场施工作业规范化、标准化，确保作业人员的人身及设备安全。明确运检工作前准备，标准化站班会形式，站班会工作内容。制订停电申请管理制度，明确停电申请的安全管理。制订外来施工安全管理制度，明确施工单位及施工人员的安全资质审查、安全教育及签订施工安全协议、开工前的相关安全管理工作、施工用电管理和施工期间的安全管理。继电保护防三误安全管理制度，明确防误整定措施、防误碰措施及防误接线措施。

（八）隐患排查和治理

1. 隐患排查

建立隐患排查治理制度，界定隐患分级、分类标准，明确“查找—评估—报告—治理（控制）—验收—销号”的闭环管理流程。

制订隐患排查治理方案，明确排查的目的、范围和排查方法，落实责任人。排查方案应依据有关安全生产法律法规要求，设计规范、管理标准、技术标准，企业安全生产目标等。并应包含人的不安全行为、物的不安全状态及管理的欠缺等三方面。

隐患排查要做到全员、全过程、全方位，涵盖与生产经营相关的场所、环境、人员、设备设施和各个环节。根据安全生产的需要和特点，采用与安全检查相结合的综合检查、专业检查、季节性检查、节假日检查、日常检查等安全检查方式进行隐患排查。

2. 隐患治理

根据隐患排查的结果，制订隐患治理方案，对一般隐患由各单位及时进行治理。重大隐患治理方案应包括目标和任务、方法和措施、经费和物资、机构和人员、时限和要求、措施及预案。

隐患治理措施包括工程技术措施、管理措施、教育措施、防护措施和应急措施。隐患治理完成后，应对治理情况进行验证和效果评估，并将验证结果和评估记录及时归档。

（九）职业健康

1. 职业健康管理

运检单位应按照法律法规、标准规范的要求，为从业人员提供符合职业健康要求的工作环境和条件，配备与职业健康保护相适应的设施、工具，建立职业健康管理制度。企业应安排相关岗位人员在上岗前、转（下）岗、在岗定期进行职业健康检查。

健全职工安全防护用品的采购、验收、管理、发放、过期回收和损坏更换等制度；落实管理人员职责；经常监督检查职工安全防护用品正确使用情况。

依据国家有关规定，定期对存在职业危害因素的作业场所进行危害因素检测（如高温、粉尘、噪声、工频电磁场、微波辐射等），并监控保持在国家规定允许范围内，在检测点设置标识牌予以告知，并将检测结果建立档案。

对可能发生急性职业危害的有毒、有害工作场所（如室内六氟化硫断路器室），应设置报警装置；电缆隧道、阴井、有限空间等作业前应检测氧气含量，制订应急预案，配置现场急救用品、设备，设置应急撤离通道和必要的泄险区。

正压式呼吸器等各种防护器具应定点存放在安全、便于取用的地方，并有专人负责保管，定期校验和维护。对现场急救用品、设备和防护用品、器具进行经常性的检维修，定期检测其性能，确保其处于正常状态。

2. 职业危害告知与警示

与从业人员订立劳动合同时，应将工作过程中可能产生的职业危害及其后果和防护措施如实告知从业人员，并在劳动合同中写明。

采用有效的方式对从业人员及相关方进行宣传，使其了解生产过程中的职业危害、预防和应急处理措施，降低或消除危害后果。

对存在严重职业危害的作业岗位，应按照 GB/Z 158—2003《工作场所职业病危害警示标识》要求设置警示标识和警示说明。警示说明应载明职业危害的种类、后果、预防和应急救治措施。

（十）应急处置

1. 工作原则

以人为本，减少危害。在做好企业自身突发事件应对处置的同时，切实履行社会责任，把保障人民群众和员工的生命财产安全作为首要任务，最大限度减少突发事件及其造成的人员伤亡和各类危害。

居安思危，预防为主。坚持“安全第一、预防为主、综合治理” 的方针，树立常备不懈的观念，增强忧患意识，防患于未然，预防与应急相结合，做好应对突发事件的各项准备工作。

统一领导，分级负责。落实浙江省电力公司、嘉兴市政府的部署，坚持政府主导，在嘉兴电力局行政和党委的统一领导下，按照综合协调、分类管理、分级负责、属地管理为主的要求，开展突发事件预防和处置工作。

把握全局，突出重点。牢记企业宗旨，服务社会稳定大局，采取必要手段保证电网安全，通过灵活方式重点保障关系国计民生的重要客户、高危客户及人民群众基本生活用电。

快速反应，协同应对。充分发挥行业优势，建立健全“上下联动、区域协作”快速响应机制，加强与政府的沟通协作，整合内外部应急资源，协同开展突发事件处置工作。

依靠科技，提高能力。加强突发事件预防、处置科学技术的应用，采用先进的监测预警和应急处置装备，充分发挥国网嘉兴电力公司应急专家队伍和专业人员的作用，加强宣传和培训，提高员工自救、互救和应对突发事件的综合能力。

2. 应急机构

建立健全行政领导负责制的应急领导、监督、保证体系，健全事故应急救援制度，成立应急领导小组以及相应工作机构，明确应急工作职责和分工，并指定专人负责安全生产应急管理工作。领导小组应由运检单位主要负责人及党支部书记担任组长与副组长，下设应急处置办公室及相关应急保障小组。

3. 应急预案

结合“运检合一”新模式下的作业现场特点及安全管理管控特点，同时依据上级应急管理工作要求，编制运检单位现场处置方案及运检班组“一事一卡一流程”。

运检单位的现场处置方案应由总体处置方案及专项处置方案组成。其编制的内容应包括自然灾害类、事故灾难类、公共卫生事件类和社会安全事件类等。主要内容应充分考虑运检管辖范围内可能出现的地质灾害、自然灾害、环境污染、反恐安保、人身伤害、电网故障、设备故障、消防安全、网络安全、电网通信系统故障等。现场处置方案应贴近运检单位涵盖的全部业务管辖范围，贴近实际，具有可操作性，并对运检班组现场处置具有指导意义。

现场处置方案是专项应急预案的延伸和补充，但又不同于专项应急预案。专项应急预案明确了各部门职责，正常运检工作各环节均有各自的管理标准、技术标准、工作标准以及标准化作业流程、作业指导书。如果现场处置方案中出现管理、技术、工作流程标准等，就可能产生新的标准体系流程，两个体系的重叠、交叉会使现场作业人员无所适从，产生混乱、影响正常的运检工作。因此，运检单位的现场处置方案主要针对作业现场各工作岗位、人员在现场发生突发事件，应采取的先期处置措施。

运检班组的“一事一卡一流程”是现场处置方案在班组具体执行的落脚点，是班组在发生突发事件后开展现场应急处置的标准化作业指导书，提高了应急预案的实用性和可操作性，有利于班组成员快速了解并掌握相关应急知识。

“一事一卡一流程”的编制需要制订工作计划，明确分工，落实责任和措施，根据“一事一卡一流程”规范，按照典型目录，遵照“谁使用、谁编制”的原则组织开展编制。

“一事”是指预想可能发生的某一具体事件，包括设备故障跳闸、电网系统故障、人身伤害和自然灾害等事件。

“一卡”是指为应对某一事件而预先编制并存放在现场，用以指导现场开展处置工作的一张应急操作卡，必要时可包括附件。

“一流程”是指为应对某一事件而采取的信息报告、现场组织安排、现场应急操作的一个完整的处置流程。

运检单位可因地制宜，从实际情况出发，结合本单位实际，编制和使用适合本单位的“一事一卡一流程”。

应急预案应建立定期评审制度，根据评审结果和实际情况进行修订和完善。应急预案应每三年至少修订一次，预案修订结果应详细记录。

4. 应急设施、装备、物资

按规定建立应急设施，配备应急装备，储备应急物资，并进行经常性的检查、维护、保养，确保其完好、可靠。做好应急物资的动态管理和补充，保证应急物资处在随时可以正常使用的状态。

5. 应急培训及演练

每年至少组织一次应急预案培训。定期开展单位领导和管理人员应急管理能力培训以及重点岗位员工应急知识和技能培训。

制订年度应急预案演练计划。根据本单位的事故预防重点，每年应至少组织一次专项应急预案演练，每半年应至少组织一次现场处置方案演练。

按照《电力突发事件应急演练导则》要求，开展实战演练（包括程序性和检验性演练）和桌面演练等应急演练，并适时开展联合应急演练。并对演练效果进行评估。根据评估结果，修订完善应急预案，改进应急管理。

（十一）事故调查处理

1. 调查组织

发生事故（事件）后，运检单位应根据事故（事件）等级成立相应的调查组，组织开展调查。事故调查组按要求填写事故调查报告书，对调查结论和调查报告负责，履行相应的责任，并及时向上级管理单位报告。

六级人身、电网、设备以及信息系统事件由省电力公司级单位组织调查；涉及多个省级单位的线路（包括直流）跳闸事件，由该线路调度机构的上级单位组织调查。国家电网有限公司认为有必要时可以组织、派员参加或授权有关单位调查。

七级人身、电网、设备以及信息系统事件由地市供电公司级单位组织调查。上级管理单位认为有必要时可组织、派员参加或授权有关单位调查。

八级人身、电网、设备以及信息系统事件由事件发生单位（运检单位）组织调查。上级管理单位认为有必要时可以组织、派员参加或授权有关单位调查。

事故调查组由运检单位的领导或其指定人员主持。调查组可根据事故的具体情况，指定其他有关单位参加。

2. 事故（事件）调查处理

发生事故（事件）后，应按规定成立事故（事件）调查组，明确其职责与权限，进行事故（事件）调查或配合上级部门的事故（事件）调查。应立即组织有关人员在离开事故现场前，收集原始资料，并如实提供现场情况，及时整理出说明事故情况的各种资料。

事故调查应查明事故（事件）发生的时间、经过、原因、人员伤亡情况及直接经济损失等。事故（事件）调查组应根据有关证据、资料，分析事故（事件）的直接、间接原因和事故（事件）责任，提出整改措施和处理建议，编制事故（事件）调查报告。

3. 提出防范措施

事故调查组应根据事故发生、扩大的原因和责任分析，提出防止同类事故发生、扩大的组织（管理）措施和技术措施。

事故调查组在事故责任确定后，根据有关规定提出对事故责任人员的处理意见，对因违章作业导致事故发生等情况应从严处理。事故调查结案后，将有关资料归档，资料必须完整。

（十二）安全奖惩制度

1. 绩效机制

建立安全生产标准化绩效评定的管理制度，明确对安全生产目标完成情况、现场安全状况与标准化规范的符合情况、安全管理实施计划的落实情况的测量评估的方法、组织、周期、过程、报告与分析等要求，测量评估应得出可量化的绩效指标。制订本单位的安全绩效考评实施细则，并认真贯彻执行。

2. 绩效评定

每年至少一次对本单位安全生产标准化的实施情况进行评定，验证各项安全生产制度措施的适宜性、充分性和有效性，检查安全生产工作目标、指标的完成情况。单位主要负责人应对绩效评定工作全面负责。评定工作应形成正式文件，并将结果向所有部门、所属单位和从业人员通报，作为年度考评的重要依据。发生死亡事故后应重新进行评定。

坚持“以责论处、重奖重罚”的奖惩实施原则，对认真履行安全生产职责，全面完成安全生产目标以及在安全生产中作出显著贡献的班组和个人予以表彰和奖励，对发生《国家电网有限公司安全事故调查规程》所列四类八级安全事故（事件）和严重影响市公司安全生产事件的责任单位及责任人由市公司相关部门处理，并进行责任追究和处罚。对造成障碍、异常，影响运检单位安全生产目标实现的责任者，由运检单位予以相应的行政处分和经济处罚。

运检单位可设安全生产特殊贡献奖，凡有对安全生产作出重大贡献者，由班组向单位安监室提交情况说明，并由安监室书面向市公司申请安全生产特殊贡献奖励。对作出安全生产专项贡献者，经各班组申报，由安监室核实，单位绩效考核小组批准，给予相应经济奖励。

3. 持续改进

根据安全生产标准化的评定结果和安全生产预警指数系统所反映的趋势，对安全生产目标、指标、规章制度、操作规程等进行修改完善，持续改进，不断提高安全绩效。

对绩效评价提出的改进措施，认真进行落实，保证绩效改进落实到位。

三、安全制度建设与安全文化建设的关系

安全制度建设是运检单位安全文化建设的一个重要组成部分。安全制度建设的过程，也就是把电力企业“安全第一”的价值观及企业安全文化理念转化为安全管理制度并得到广大员工认同的过程。

运检单位应开展安全文化建设，促进安全生产工作。在运检单位安全文化体系中，正确的安全价值观及其核心理念处于核心地位，居于安全文化的最高层次，是安全制度文化之“源”；安全制度文化体现在安全管理各项制度中，安全制度实际上就是安全文化核心理念的载体。先进的、科学的安全工作理念可以在制度建设强有力的支持下，使安全管理收到事半功倍的效果，促使企业生产持续、稳定、健康发展。

运检单位应采取多种形式的安全文化活动，引导全体从业人员始终保持安全重于泰山的责任感、如履薄冰的紧迫感，树立底线思维和红线意识，建立健全“查隐患、抓整改、树典范、保安全”常态机制，以“零容忍”的态度强化生产安全；大力开展安全文化建设，健全作业标准程序，及时制止违章违规，树立自觉遵章守纪的行为规范，逐步形成为全体员工所认同、共同遵守、带有本单位特点的安全价值观，实现法律和政府监管要求之上的安全自我约束，保障安全生产水平持续提高。

第三章

“运检合一”作业安全技术管控

“运检合一”作业计划安全管控是“运检合一”模式下的深度融合，过去检修人员通常根据运维人员报送的缺陷和设备周期，并综合运维班组的承载力等因素，再制订相应的检修计划。“运检合一”模式下，运维人员和检修人员同时参与检修计划的编制，作业计划通常根据电网设备反措、隐患排查治理、变电状态评价、检修策略、专业巡视发现缺陷等进行编制，确保电网及设备的安全稳定运行。作业计划编制时需要考虑电网设备、人员承载力及停电风险等安全措施，在检修过程中防止人员受伤的安全保障措施，保证电网和设备的安全稳定运行。

第一节　反事故措施执行管控

反事故措施是指为防止电力生产中的薄弱环节、设备缺陷、不安全因素造成设备意外停运而编制的紧急消缺预案，主要包括事故的紧急处理办法和部分应急措施。设备相关家族缺陷治理的执行提高了电网、设备和人身的安全性[3]。

一、反事故措施执行的流程

反事故措施的执行内容包括反事故措施制订与更新发布，编制下一年的整改计划，上报上一年的执行情况，三者有机统一。

各级运检部门做好变电设备运行状况的分析工作，及时总结生产过程中的经验教训，对于可能普遍存在的安全隐患，有针对性提出反事故措施并逐级上报，最后由国网运检部统一组织编制并审定发布。

针对被发现的故障进行所辖范围内的排查，排查完毕后，进行反措内容的辨识，若辨识为日常可以解决的故障或者隐患，需要进行紧急处理消缺；如果设备缺陷危害性比较大，经常出现缺陷，则可定义为大修或者技改项目，对于需要技改或者大修的设备在每年 6 月底前报送省公司或者地市公司运检部，提出整改原因和停电方案、费用等内容。省公司会协调相关专业专家对地级市所报的项目进行审批，经过省公司专家审批过的项目将会被记录在储备库，根据问题的严重程度以及事态发展情况落实整改进度。

220kV 及以上电压等级层面，省检修和下级单位应结合设备需要整改的内容考虑安排第二年的停电和检修计划，时间节点为每年的 9 月 30 日。省公司设备部在收集完成各地市公司及省检修的整改计划后，在 12 月 10 日前编制完成全省下一年度的整改计划，同时将变电站整改中涉及的停电时间和范围向地方营销、电网调控中心进行申报和商讨，经开会讨论确定后需在当年年底以前向各个部门进行传达和发布，以便来年制订设备的相关检修计划。

110kV 及以下电压等级层面，地市公司根据反措项目编制下一年度的整改计划，同时将变电站整改中涉及的停电间隔和维修设备向生产指挥中心报备，经过方案讨论进行确定，然后在年底进行相关报送，同时将计划反馈省公司运检部。

省检修、地市公司需把本公司该年需要维修的设备对省公司进行反馈和报备，同样省公司在接收到地级市公司反馈的情况后进行整理总结向国家电网公司进行反馈，报备的时间节点分别为 1 月 31 日和 3 月 31 日。

国网设备部作为国家电网公司反措的编制单位，根据每年各个省公司上报的反措执行情况以及相关部门的修改意见和建议，确认反措执行过程中出现的问题。每年 6 月底前，国网运检部会组织各方人员对反措执行中存在的问题及建议进行评估，并对有关内容进行修编以及完善补充。

通常每 5 年对设备反事故整改情况进行重新修改。倘若在新的反措要求出来以前出现了设备严重故障，公司部门会组织相关专业专家针对此次缺陷马上制订新的策略和要求，及时提出整改意见并联系相应厂家进行约谈整改。新的要求一旦下发后，下级各个部门进行专业巡视和相应的排查，制订相应检修计划进行整改。

二、反事故措施执行案例

国家电网公司对历年来全公司出现的譬如断路器防跳功能验证、GIS 设备连接气室需要更换为铜管、穿墙套管未封堵导致进水相间短路等一系列事故进行整合编制，经过多次反复验证整理成册，形成国网十八项反事故措施。以主变压器套管和 SPV 副母闸刀为例进行说明。

【案例 1】2018 年 12 月，××变电站 1 号主变压器在进行常规 C 检工作时发现高压套管 C 相末屏漏油，打开后发现有放电痕迹，该末屏座采用雷诺儿结构。检修人员随即汇报运检中心专责，运检中心专业安排高试人员现场试验取油，油化试验数据正常。根据国家电网公司反措要求对该末屏进行更换，更换前后照片如图 3-1 所示。

主变压器雷诺儿结构套管末屏不可靠接地极易造成套管放电。××厂家 2008 年 1 月前生产的套管其绕组尾端末屏的结构为雷诺儿结构，此种结构在运行中很容易出现末屏内部指针卡涩，导致无法复位接地的情况进而引起绝缘放电事故，导致套管油色谱异常和末屏渗油。结合停电将 2008 年 1 月前××厂家生产的不低于 72.5kV 电压的主变压器套管末屏底座由以前的雷诺儿结构变更为哈弗莱结构。

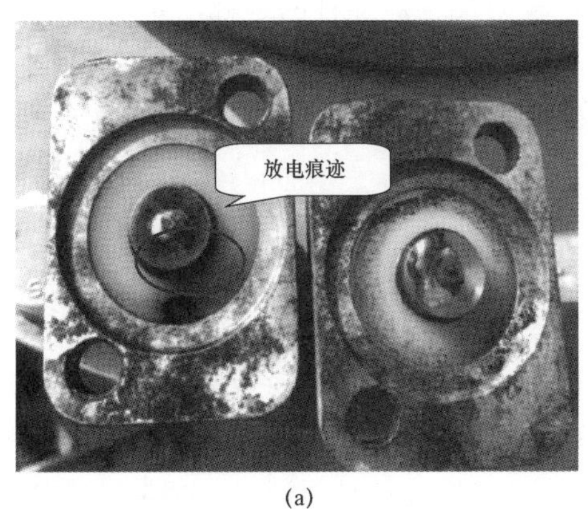

(a)

(b)

图 3–1　套管末屏反措

（a）更换前；（b）更换后

【案例 2】 2020 年 2 月 24 日，在××变电站 1 号主变压器 220kV 副母闸刀更换导电臂期间，检查发现该副母闸刀 A 相合闸不到位，进一步检查发现闸刀 B 相底座主传动拉杆关节球头部位（万向节）球头有裂痕，如图 3–2 所示。

(a)

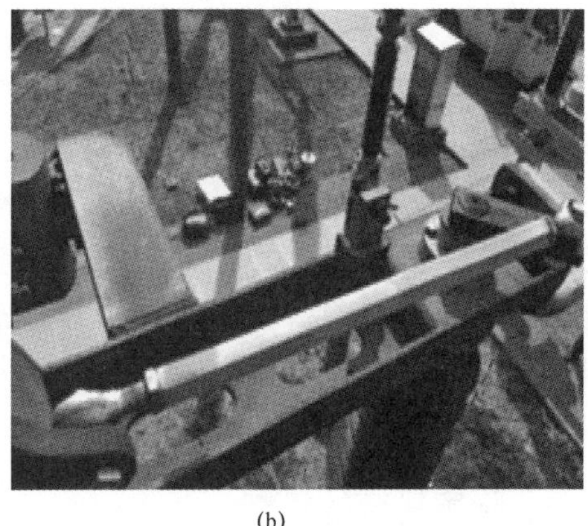

(b)

图 3–2　220kV 副母闸刀反措

（a）更换前；（b）更换后

该闸刀传动连杆球头为铝铸材料，长时间氧化后极易产生裂纹，对 AC 相进行检查，球头也存在相应的磨损。现场处理对 1 号主变压器 220kV 副母闸刀传动连杆全部进行更换，并对其他停电间隔进行隐患排查。调整闸刀分合闸位置，保证分合闸到位，并对三相同期性进行调整。

该型号闸刀传动连杆球头为铝铸材料，极易氧化生锈，长期运行后抗拉伸力学性能下降，操作过程中易产生裂纹。SPV 闸刀在全国范围内已多次出现传动连杆及球头断裂的案例，后续建议：

（1）对 2003 年以后投入同批次 SPV 副母闸刀进行安全隐患排查，对于锈蚀比较严重或存在裂纹的传动连杆进行更换，及时消除安全隐患。

（2）对2003年以后投入的SPV副母闸刀巡视时加强对连杆的巡视，如果发现断裂，应立即停电检修进行更换。

（3）综合检修时，应重点关注传动连杆及球头是否存在严重锈蚀和裂纹现象，对于合格的传动连杆应喷涂润滑剂和防锈剂。

第二节 隐患排查治理管控

风险具有不确定性的基本特征，而隐患则是一种已知状态。作业风险客观存在，不能被完全消除，但是可以通过一系列管理、技术上的手段使其最小化，达到可接受的水平。电力设备的制造工艺情况、人员的精神面貌、工作人员是否通过安规考试、特种车辆工作人员有无专业资质，综合检修前是否踏勘等如果未落实到位，以上均属于隐患且可能造成安全事故。隐患具有确定性，可以被完全消除。对隐患进行有效管控，可以使作业风险回归到可控范围内。

为全面加强落实“安全第一、预防为主、综合治理”的理念，降低安全生产以及电力设备误动作事故隐患（简称“安全隐患”）的事件的发生。任何企业应始终坚持安全第一的理念，将安全管控列入企业重点管控内容，目前国家要求企业总负责人对本企业安全负首要责任，安全管理理念主推“谁主管，谁负责”且要及时发现并进行整改。对工作人员的责任心、职责、人员分工等提出更高的要求，现场做好人员安全管控以及管理职责分工，做到切实有效的闭环。

针对工作场所和工作地点易出现危险的情况，如危化品（酒精、SF_6气瓶等易燃、易爆气体）的存放、工作人员登高时不记挂安全带、作业人员在开工前未履行签名交底手续且对工作内容不清楚、厂家教育卡教育流于形式等均属于安全隐患。鉴于事故可能发生的原因，通常将安全隐患划分成Ⅰ级重大事故隐患、Ⅱ级重大事故隐患、一般事故隐患和安全事件隐患四种。

一、隐患排查的机制

在日常巡视、特殊雷雨天气中，运维应结合一站一库加强设备的隐患巡视。鉴于发现的问题，需要将“检查—设备状态评估—检修消缺—设备验收”的步骤循环完毕，整个过程形成闭环。

（1）安全隐患排查。各个班组或者集控站应采取现存的技术手段，如红外测温、局部放电检测、SF_6红外成像仪等设备对设备进行巡视，排查易发生缺陷或者产生隐患的设备。在进行排查时，工作人员需制订相应的排查方案，不放过任何隐患点，方案中应明确具体排查的设备、变电站、间隔名称以及高科技设备使用方法。

1）排查范围为和所有与生产经营相关的工作负责人、管理责任制度、现场、场地环境、人员分工、设备设施等。

2）检查设备隐患的方法：运维人员的日常巡视、迎峰度夏和度冬的专业巡视、台风及雷雨天气时的隐患排查、每年组织的电力设备状态评价、四不两直督查以及远程视频监控中发现的问题、风险管控平台和布控球的检查、每周安全活动例会提到的问题、班组月度稽查周报提到的问题、每月消防的定期检查、安全工器具和电动工具的定期检查维护、特种车辆的保养以及特种作用人员持证问题、准入证和作业证的检查、人员违章行为的原因分析，事故有关案例或者安全隐患事故案例学习等。

3）在写公司的排查方案时，作业人员应参照公司制订的安全生产目标、事故责任清单、变电站一站一库、国家电网公司相关法律法规、电力设备相关反措文件要求执行，方案中应明确需要排查哪个厂家的电力设备、哪些间隔、需要具体检查的内容和相关时间节点、人力安排及排查巡视设备的准备，对于排查中发现的问题，要及时记录并汇报中心相关专责。

（2）安全隐患排查评估报告。

1）在对安全隐患进行等级评价时，通常先进行设备预评估，在组织专业相关人员进行专业评估并进行最后的认定。不是很严重的安全隐患通常县级公司或者市公司的二级机构可以直接进行认定；针对一般的安全隐患需要地级公司组织中心相关专责进行确定，如果威胁到设备安全和电网稳定，需要及时停电检查处理；针对严重危害到电网安全的隐患，需立即进行汇报并停电检修，具体由省公司或者总部其他部门进行确定。

2）针对县级单位和运维中心发现设备的异常，需立即上报给中心相关专责，经专责和中心进行相关评估。倘若鉴定为一般事故隐患，则需汇报给相对应的职业部门，时间节点为 7 个工作日以内。地市公司在接到下级单位汇报的隐患和缺陷后，应在 7 个工作日给出相应隐患等级和专责指导处理意见，然后由中心负责成产的主管领导进行签字审批；同理，倘若隐患定性为重要，则市级相关专业部门收到汇报后仍鉴定为重要安全隐患，则需立即向省公司相关部门进行汇报，省公司需在 3 个工作日内给出相应的隐患等级和具体的处理意见，地市公司收到上级单位的意见后，应在一个工作日内通知到各个部门。

3）对于重大安全隐患，汇报时要严格根据公司制定的汇报流程，通过邮件或者内部信息系统进行及时汇报，汇报中应写明具体变电站、间隔名称及设备存在的缺陷及危害程度。汇报时应先市公司相关部门，然后再报送省公司专业部门进行校核。

4）针对一些重要保供电变电站及输电线路、电网变电站交换枢纽存在的隐患或者缺陷应重点关注。对于危险度等级较高的工作，应尽快明确隐患等级，相关专责和安检主管应执行现场到岗到位制度，防止出现大规模的停电事件。

5）倘若临近地区电网出现重大安全事故，其他省公司有义务进行支援并汇报事故进站情况和相关安全情况，便于国家电网公司协调电网运行方式和后期制订停电检修计划。

二、隐患治理的管控

设备一旦出现安全问题并经过认定审核，相关职能部门应制订相关预案进而防止隐患进一步扩大危害电网安全。地级市公司应根据隐患发展程度和情况及时合理安排停电检修计划，在隐患扩大前进行消缺处理，避免非计划停电事故的发生，公司级相关专责对部分隐患应加强重视，提高隐患风险辨识能力和意识，做到隐患早发现、及时跟踪和早消缺。

（1）对于重要的事故隐患，应在隐患发展扩大以前编制相应的应急预案，以备不时之需。应急预案编制完成后交由省公司进行批准审核。隐患等级被鉴定后，地级市部门应在30个工作日内完成相应的编审工作，相关专业部门进行核对以后需在3个工作日内抄送省公司安监部进行审核，5个工作日内给出下属单位相应的处理意见并在本部进行相应的备案。

重大事故隐患治理方案主要包含：隐患当前的运行情况、分析产生该隐患的具体原因、处理隐患时的具体做法、备品备件的准确情况、人员和机具的准备情况、停电的范围和相应的安全措施、隐患处理后的效果以及治理该隐患需要多少时间，此外，还需指定专门的工作负责人和验收负责人。

（2）轻微事故隐患同样制订与之相应的管控措施和应急预案。通常在隐患确定等级以后15个工作日内完成相关方案的编审工作。

（3）安全事件隐患在经过县公司或者地级市相关专业部门进行核对后，需在7个工作日完成相应的管控措施和应急预案，地市级相关职能部门进行相应的审核，主要包括安全措施、停电范围和时间、治理后效果。

（4）安全隐患的治理及管控应与公司营销计划、输电线路的规划和年度停电计划、技改大修、电力设备的调换、专项技能活动、设备常规C检等相互结合，做好电力安全措施和备品备件的安排，提高人员安全管控意识和责任，结合本年度停电机会进行消除处理。

（5）国家电网公司总部、省公司以及下属地级市公司应设立相应的应急消缺部门，一旦出现大规模停电事故可通过绿色通道做到快速响应。省公司或者地级市公司应将下属公司上报的隐患治理项目纳入一站一库并及时进行备案留底。如果有停电机会，可结合停电优先进行安排考虑，可以为以后制订经费预算和停电计划打下良好的基础，也能保证各个部门工作顺利开展，及时采购相应的备品备件，做到有备无患。

（6）对于未能按期治理消除的重大事故隐患问题，需要公司各个部门再次进行鉴定。如果经过再次鉴定发现该隐患缺失存在较大的安全风且需要及时处理，则需要重新制订修改应急预案；倘若经过工作人员处理消缺后，隐患等级降低但是却未能完全消除的，应对该隐患等级进行降低，同时在所属公司和一站一库进行相关的备案，在隐患彻底消除以前，需要运维工作人员及时跟踪监测，防止再次加重，直至该隐患完全消除。

（7）倘若该安全事件隐患或者一般性事故未能按照规定的计划进行消除，则所属部门需要进行第二次评估鉴定隐患等级。根据评估后的隐患等级修改备案记录并进行再次编号入库。

安全隐患治理验收销号包括的内容如下：

（1）如果所上报的隐患已经消除，那么应由隐患所在地公司上报专业部门并申请进行验收核对。对于重大安全隐患应由省公司组织人员进行验收，一般的事故隐患则由地级市公司对消缺结果和关键点进行验收，安全事件隐患只需县公司相关部门进行验收即可。

（2）事故隐患得到消除后，由所在部门在 10 个工作日内提出申请进行验收。验收完成后需要填写验收记录卡。对于重大的隐患，验收结束还需填写纸质报告，经专业部门核对后在三个工作日内向省公司相关部门提交报告并进行备案。受委托管理设备单位应在定稿后 5 个工作日内抄送委托单位相关职能部门和安全监察部门备案。

（3）针对已经消除的隐患，所在部门应进行隐患记录消除，并将处理过程及结果和相应的验收报告进行整理保存。对于较为重大的隐患，所在部门需扫描成电子版存入公司内网信息系统，便于他人或以后进行查询。

三、隐患排查治理管控案例

隐患需要运检人员对电气设备存在的缺陷、反措内容、家族型缺陷等熟悉，了解电气设备薄弱点以及易故障点。

【案例 1】 2016 年 4 月，在××变电站年检时，发现 1、2 号主变压器 10kV 开关触头发热变色。在××变电站都发现了主变压器 10kV 开关触头发热变色问题。分析原因为主变压器 10kV 开关负荷较高，主变压器 10kV 开关柜是全密封的，未加装风机，造成开关柜内积聚的热量排不出去，长此以往，热量积累到一定程度必然导致开关过热，如图 3–3 所示。

图 3–3 铜排发热变色

开关柜在运行中应加强大电流柜的运维管理：① 长期重负荷的大电流柜宜适当缩短巡视维护（过滤网清扫）、带电检测、检修试验周期。② 自然通风冷却大电流柜应加装散热风机，风机自启动采用电流或温度控制，当电流达到额定值的 55%或者温度达到 50℃时自动启动，电流降至额定值的 45%或者温度降至 40℃时返回。③ 宜加装在线测温装置，实现柜内温度异常后台告警功能；在确保开关柜防护等级前提下，加装红外热像检测窗口，提前发现柜内发热隐患。

【案例 2】 2019 年 3 月 31 日，检修班人员在对某间隔隔离开关进行常规 C 检时，发现隔离开关线路侧使用了铜铝过渡板，且铜铝过渡板折弯 90° 后进行搭接。同时，铜铝过渡板两侧搭接面分别使用了铜铝过渡片进行过渡，如图 3–4 所示。

(a)

(b)

图 3–4 铜铝过渡线夹

（a）铜铝过渡线夹检查；（b）铜铝过渡线夹对折

根据国家电网公司反措要求，铜铝过渡板目前禁止使用，禁止对铜铝过渡板进行弯曲。铜铝过渡板弯曲后易导致铜铝过渡板对接处接触不良引起发热缺陷，严重时甚至发生断裂，导致线路全停，甚至事故进一步扩大。

检修人员迅速对其他间隔进行排查，并将现场情况向上级部门汇报。于当天对同类设备缺陷进行集中整改，将铜铝过渡板统一更换为铜排，并通过试验验证电阻合格，如图 3–5 所示。

(a)

(b)

图 3–5 铜铝过渡线夹更换过程

（a）铜铝过渡线夹处理；（b）铜铝过渡线夹更换

根据国家电网公司十八项反措要求，对于室外搭接排严禁使用铜铝过渡板且不允许直角弯曲。由于铜铝过渡板铜铝采用焊接形式，受风力的影响，长时间使用后焊缝连接处极易发生断裂风险，造成线路停电。后续建议与措施：

（1）加强对室外闸刀搭接处连接排的巡视排查，发现铜铝过渡板的结合下一次停电进行更换。

（2）综合检修期间，检修人员结合停电重点排查。

第三节 变电评价管控

变电评价是指对变电站内所有设备健康程度和运检管理水平的评价。变电评价服务于后续的检修决策。因此，一个科学、合理的评价机制至关重要。

变电设备评价主要包括年度状态评价、精益化管理评价和动态评价。

一、精益化管理评价

在常规C检时，精益化评价也是必做的项目之一，主要包括设备防腐、鸟窝隐患排查、弯曲的蛇皮管打排水孔、400mm及以上导线倾斜线夹打排水孔等相关反措均为期内容。通过精益化管理可以对设备进行全面的检查，及时发现设备运行存在的薄弱点，经过整治后设备运行更加稳定和可靠，有效保证电网稳定运行。此外，通过精益化评价可以有效推动国家电网公司各项反措文件以及标准规范的落地实施，进而加强变电设备的运维管控，为后期调度人员和营销、变电运检专业制订检修计划以及安排人力安排奠定良好的基础。

（1）精益化管理评价的范围及内容。变电站内运行设备管理以及运行情况评价都属于精益化管理评价内容。

变电设备评价主要包括：油浸式变压器（电抗器）、GIS、开关、隔离开关、开关柜、避雷器、电流互感器（TA）、并联电容器组、电压互感器（TV）等28类电力设备运行工况，以便于制订相关检修计划；变电运检管理评价的内容是变电运检五项管理规定的落实应用情况，变电运检管理评价范围包括日常工作、专项工作、标准化作业、基础资料、安全管理等。

（2）精益化管理评价流程。220kV和110（66）kV变电站评价流程：

1）定于每年12月31日以前，地市公司组织相关人力进行汇总并对第二年的评价方案进行编审。

2）定于每年1～5月，地市公司组织相关人力对设备进行自评价，针对评价时提出的设备缺陷及隐患及时汇报上级单位，制订相应策略进行治理。

3）定于每年6～9月，地市公司组织相关专业人员对需要评价的变电站进行第二次评价复审，时间周期为2周以内。在评价过程中，相关专业提出的问题要记录备案并结合停电进行治理反措。每个集控站至少需要对1个110kV和1个220kV变电站进行评价。

4）定于每年的9月30日前，地级市公司将需要评审的变电站名单提交给省公司相关专业，参加评价的变电站应为本年度已进行过自评价的220kV变电站，有时根据实际情况也可以将110kV变电站列入评价名单。

5）定于每年10～11月，省公司运检部从地市公司报送上来的变电站名单中随机选取1座变电站进行自评价，评价时间为2周以内，评价结束后提出的问题需要进行整治闭环。

6）定在每年11～12月，省公司运检部会同相关专业人员对上次提出的自评价问题进行复审。复审结束后，统计各个变电站自评价得分情况，然后进行排名公布。

评价的时间间隔为 36 个月，对于 220kV 的变电站应每隔 36 个月进行一次精益化评价。评价的数量应占比本集控站总数量的 1/3。

（3）精益化自评价的实施。在开展自评价工作时，运维人员应结合一站一库、国家电网公司下发的反措文件、设备隐患排查治理开展相应的工作，便于计划停电和统一进行消缺等工作，也为准备备品备件等提供基础。

评分规则如下：

1）精益化评价总共为 1000 分，主要包含运检管理 200 分，变电设备 800 分。

2）假如新投运的变电站被选中，需根据相应国家电网公司要求规范进行打分；如果被选择的变电站刚在上一年进行过评价，则需根据原标准的 1.3 倍进行处罚减分；如果被选择的变电站在此次周期前两年进行过评价，则需根据原标准的 1.3 倍进行处罚减分。

3）单台设备的满分减去被扣除的分数为单台设备的分数。每相只包含 1 台设备，如果三相同体，算作 1 台设备。

4）同一种设备得分的算术平均值即为同种设备的平均得分。倘若被选中的变电站无此种设备，应将此分数按照相应的比例分配给其他设备。

二、年度状态评价

（1）年度状态评价的范围及内容。在进行年度状态评价时，需结合在线监测、带电监测、以往试验数据、专业巡视等开展评价。在对变电站设备进行状态评价时需根据国家电网公司相关评价导则进行打分。运检人员和公司相关部门应对设备的运行状态进行全方面监控，把握电力设备运行的健康程度，根据其健康程度制订相应的检修计划和设备处理方案，只有这样才能确保电网的稳定运行。

（2）年度状态评价流程。年度状态评价应 12 月进行一次。倘若该变电站本年度将进行精益化评价，那么就不需要开展年度状态评价。

每年夏天，地市公司相关部门将组织专业人员对选中变电站进行年度状态评价，记录评价中提出的问题并编制相应的评价报告。

每年 5 月 31 日前，地市公司组织相关专业对状态评价报告进行编制并审核，在评价中提出的 110kV 及以上电压等级设备（如开关、闸刀、变压器、开关柜）等的评价结果应及时向省公司评价中心部门反馈。

应在每年的 6 月，省评价中心组织专业人员开展再次审核，并向省公司运检部递交设备状态评价第二次评审报告。

应在每年的 6 月 30 日前，省公司运检部公布第二次审核结果，同时对每个单位状态综合检修方案进行回复。

年度状态评价执行班组、运维单位、评价中心三级进行评价机制。

三、动态评价

（1）动态评价的范围及内容。电力设备在运行中其重要参数发生较大变化后开展的

评价一般称为动态评价，其中不同电压等级设备的重要参数和状态量评价规则不相同。动态评价主要包括新投产设备的第一次评价、缺陷评价、经历过雷电意外情况后评价、带电检测异常评价以及常规 C 级检修后进行的评价。开展动态评价的主要目的为时刻掌握设备运行的情况，根据运行情况合理制订检修计划和检修策略，一旦出现异常状况便于快速进行处理。

（2）动态评价流程。

1）对于新投运的变电所第一次评价根据基建、大修设备投入运行后，需将设备出厂试验、安装信息、交接试验信息以及在线监测、带电检测等数据进行整合后，按照国家电网公司相关评价细则进行状态评价。

2）设备运行时出现缺陷后，与以往历史数据相比较部分重要参数发生改变，同时根据带电监测和在线检测等实时数据对设备运行的状态进行评价，称为缺陷评价。

3）电力设备在运行时经历雷电、台风、冰冻、高温等不可抗拒的自然灾害或者外力破坏时可能引起设备重要参数的改变，如外部短路电流引起主变压器油发生分解导致乙炔含量超标等进行的评价为不良工况后评价。

4）电力设备经过技改大修后进行的试验相关数据和部分关键参数和以往历史相比较形成的历史数据为检修后评价。

5）设备在线监测和带电检测数据发生明显异常后对设备开展的状态评价简称为带电检测异常评价。

不良工况后、带电检测异常评价需要在 7 天以内结束。

检修后评价应在工作结束后 2 周内完成。

新设备首次评价应在设备投运后 1 个月内组织开展。

（1）危急缺陷需要马上执行动态评价工作，立刻给出相应的检修决策措施，避免因应急相应不到位而产生电网非计划停电事故。

（2）严重缺陷需在 1 天以内对动态评价进行总结并制订相应的检修策略，防止事故进一步扩大。

（3）一般缺陷需要 7 天以内完成动态评价并制订检修策略。

第四节　检修策略的应对

在制订变电设备检修计划和停电计划时，需考虑电力设备动态评价、精益化评价及年度状态评价情况。鉴于变电设备投运后产生的工况及运行风险，需结合厂家建议进行相应的检修计划。它是检修计划制订的依据。

对于在运设备，倘若精益化评价中出现的隐患发展成为紧急缺陷，影响电网和设备的正常运行，需立即进行停电检修处理。

在日常精益化中倘若发生反措项目未执行到位，影响电网设备的稳定运行，需在一个月内执行针对性检修，除此之外，在反措设备停电以前要求运维人员加强巡视和状态跟踪；对于影响电力设备安全程度比较小的反措项目，可以根据情况开展整改。

精益化评价中发现的停电试验项目超周期设备，且最近一次年度评价“异常状态”或“严重状态”，需在1个月内进行停电检修。

精益化评价中发现的停电试验项目超周期设备，且最近1次年度评价为“注意状态”或“正常状态”，1年内开展停电检修，停电检修前应加强状态跟踪。

年度状态评价结果需要结合设备状态检修规程编制相应的检修计划及策略；动态评价发现异常的设备应根据问题性质和严重程度及时调整检修策略。

【案例1】 2019年3月25日运维人员在××变电站红外测温期间发现××43H5副母闸刀C相动静触头接触处发热，相对AB相温差较大。原计划在2019年11月5日进行C检，但是由于发热严重，经运检人员判断和汇报后定义紧急缺陷，立即汇报调度调整停电策略，进行紧急停电处理。××43H5副母闸刀停电处理期间，检查发现静触头表面磨损严重，上面有明显的凹痕，如图3-6所示，更换新的导电臂，调整闸刀分合闸角度并且回路电阻测量合格，投运后发热缺陷消除。

(a)

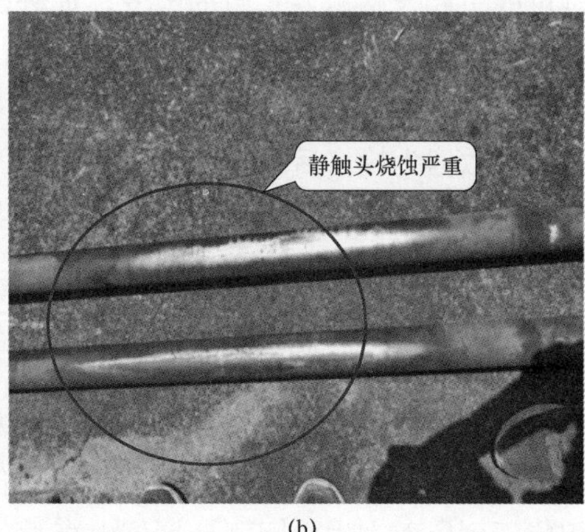

(b)

图3-6 ××43H5副母闸刀紧急停役检修消缺

(a) ××43H5副母闸刀；(b) 更换下的副母闸刀静触头

【案例2】 2020年4月22日，运维人员在××变操作××2R02线路闸刀时，发现××2R02线路闸刀合闸不到位，动触头无法完成翻转（闸刀动触头为翻转机构），然后手动分闸后出现三相不同期，B相分闸后动触头无法正常旋转，三相位置偏差较多，如图3-7所示。经运检人员判断和汇报后定义为紧急缺陷，立即向调度申请紧急停电处理。

由于B相为主轴，首先对传动连杆进行了检查，未发现螺栓松动，进而确定动触头旋转机构问题。打开动触头旋转机构盒，发现内部拉力弹簧锈蚀严重，且动触头与旋转机构相连的导杆与触头盒磨损比较严重，触头盒内侧边缘有凹痕，现场对导杆喷涂润滑剂，并对拉力弹簧进行防锈处理。进行分合闸调试，三相分合闸一致，缺陷消除。

对于动触头翻转的闸刀经常出现三相分合闸不同期的故障原因主要有以下几点：

（1）动触头连杆导杆卡涩：由于动触头连杆导杆材质比较硬，旋转机构触头盒材质比较软，闸刀旋转时，导杆与触头盒内侧产生摩擦，极易造成触头盒内边缘出现凹痕，导致下次旋转时，摩擦力增大，造成动触头无法旋转进而无法分合闸到位。

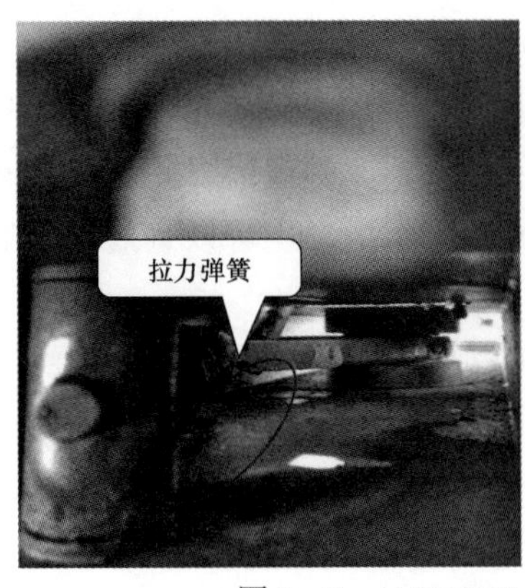

图 3－7 ××2R02 线路闸刀紧急停役检修消缺

（2）内部旋转机构拉力弹簧因锈蚀比较严重，闸刀分合闸动触头翻转时，在过死区时受力达到最大，弹簧极易断裂，造成分合闸不同期。

（3）旋转机构内旋转连杆断裂或者动触头连杆脱落导致闸刀无法正常分合闸。

对于旋转机构的闸刀经常出现此类故障，建议如下：

（1）在 C 检期间要求打开内部旋转机构盒，进行检查，对旋转机构进行润滑和防锈处理。

（2）建议相应厂家加强触头盒材质硬度，避免与动触头连杆磨损出现凹痕。

（3）建议提高弹簧质量，增强弹簧的防锈能力，如刷防锈漆。

第五节 作业计划的安全管控

检修计划根据设备检修周期、状态评价以及动态评价等进行制订，编制完成的计划根据风险的可能性、后果严重程度以及作业安全风险程度进行定级分类，讨论计划存在的安全隐患以及电网运行风险，以便达到安全管控的目的。

一、检修计划的作用与编制现状

（一）检修计划的作用

鉴于电力设备存在的缺陷、运行的情况，结合用户用电需求制订相应的检修计划。制订停电时间时需结合调度、用户并提前通知，便于提前调整电网运行方式和预先计划停电周期。根据停电时间的不同，通常将计划分为日计划、月计划以及年计划。地级市公司调度部门制订本地检修计划时，需结合上级调度部门所提出的月度计划、用户用电情况及该线路用电负荷大小进行制订，称为月度检修计划。

（1）检修计划便于增加电网运行稳定性和可靠性。电网运行的安全性和稳定性，除自然灾害以外，主要受设备的周期性检修和电力设备质量影响，目前电网消费和电能生产需同步开展，因此，保证电网安全稳定运行至关重要。为了保证电网设备正常运行且减少停电操作次数需制订相应的检修计划。根据设备停电计划进行相应的常规 C 检、大修及技改等项目，可以有效发现日常运维巡视或者专业巡视无法发现的缺陷或者隐患，防止隐患或者缺陷进一步扩大，导致意外停电事故的发生和非计划停电的次数，增加电网设备投运周期。因此，设备缺陷及隐患如果在发展到严重程度以前得到快速处理，不仅可以规避电网运行风险，降低运维和检修人员的工作量，还可以有效增强电网运行的安全性和稳定性。

（2）检修计划可有效增加电力系统运行经济性。由于我国电力市场经济改革越来越完善，相关电力企业改革的脚步也在逐步加快。以往电网公司经营模式单一，用户基本依靠电网企业供电，长期以来导致较多电力企业缺乏创新力和活力，进而导致电力公司生产效率较低、运行及维护成本投入较高，不利于电力企业的发展。随着电力行业经营模式的转变，初步形成“竞价上网，厂网分离”的局面，我国电力正在逐步向市场化、多元化发展，相对应的电力企业把利润最大化和经济化制订为首选目标，电力企业形成优胜劣汰的经营模式，在竞争中存在优势的企业才能进一步发展壮大。

检修计划主要从四个方面影响电力企业的经济效益。一是相对电力客户非计划停电将会产生较大的经济损失，提前通知进行计划停电可以大大降低用户的经济损失，便于企业提前做好停电后的应急保障；二是非计划停电将提高电网运行风险，增加电力企业检修费用和停电运行费用；三是根据计划停电，可以有效解决一站一库所列缺陷以及专业特巡中发现的隐患，有效避免多次重复停电，保证检修以及运维工作的有序开展；四是制订检修计划，可以便于公司相关部门或者中心提前安排相应的人员安排、备品备件及重要工器具的准备，防止意外停电后无法快速进行消缺，延长电网的停电周期。通过制订检修计划，可以有效将调度、营销、变电运维、变电检修及输电线路等多个部门联合起来共同讨论，便于各个部门的各项工作提前做好停电准备，做到即使停电也可以保证电网有效稳定运行。

（二）检修计划编制现状

现在我国的检修体制通常为定期预防检修，此种方法能够可靠保证电网供电的稳定及安全性，便于公司提前做好人力、物力、资金安排部署。在检修日常管理执行的过程中，一般包括临时消缺、常规 C 检、大修、技改等形式。根据《燃煤火力发电企业设备检修导则》（DL/T 838—2017）规定，大修的时间间隔通常为 2～3 年，小修的时间间隔一般为 4～8 个月，检修内容、工期制订、检修周期都需要上级相关的主管部门通过工作经验进行编制。运作过程中下级基层部门根据检修相关规范要求的检修周期和项目对大、小修标准项目进行有序申报。鉴于电力设备检修经验、运行历史缺陷及设备健康状况进行非标准项目报送，然后考虑电网运行及资金情况，由上级管理部门进行统筹性安排，编制相应的检修计划。

目前，电力系统各单位的调度机构的检修计划一般采用手工进行编制，对已经使用信息管理系统的单位，将检修计划和执行结果输入 PMS 网，供运检部门或调度员进行查看；部分公司通过自动编制软件完成计划的编制，编制时主要以调度部门、营销部门及生产部门进行协定。

二、作业计划编制

（一）年度计划

技术组本年度遗留问题及《电力设备预防性试验规程》（DL/T 596—2021）、《电力设备预防性试验规程》规定的设备检修周期，设备的实际运行状态和本年检修计划调整情况，在 11 月 30 日前编制下一年度本单位检修计划并上报运维检修部，为下年度公司检修计划提供依据。技术组根据公司运维检修部下达的年大修计划、技改计划及下一年基建工程工作量，补充完整变电检修中心年度计划，由主管生产领导在公司运维检修部下达年度计划后组织全检修中心召开年度计划讨论会，并下达到各个科室和班组。由技术组负责把年度计划录入检修 PMS，并负责在 PMS 中进行上报，下达。报送流程大致如下：

（1）县公司运检部每年 9 月 15 日前制订相应的下年度检修计划，向地市公司运检部进行报送。

（2）省检修公司、地市公司运检部每年 9 月 30 日前提出制订第二年的检修计划，并将 220kV 及以上电压等级的设备检修计划向送省公司运检部报送。

（3）省公司运检部每年 12 月中旬需对 220kV 及以上电压等级的设备检修计划完成相应的审批流程并进行讨论公示。一类变电站年度检修计划应在 12 月 31 日前向国网运检部进行备案。

（4）省检修公司、地市公司的运检部应在每年的 12 月下旬对所辖设备检修计划完成相应的审批流程并进行讨论公示。

（二）月度计划

技术组根据年度检修计划、基建遗留问题和设备缺陷等情况，在每月 20 日前编制下一月度生产计划和本月计划完成情况。计划应明确检修项目、内容、数量、计划时间，对本月未完成的项目要分析未完成的原因，在下月计划中列入遗留工作。技术组负责参加公司组织的月度生产平衡会进行计划的调整平衡。由主管生产领导在公司运维检修部下达月度计划后组织各班组主要负责人召开月度计划布置会，并总结上个月的生产工作完成情况。各班组必须在每个月 2 日前上报上个月本班组月度计划完成情况及小结。由技术组负责把月度计划录入 PMS 系统，并进行跟踪，完成计划的执行、归档。报送流程大致如下：

（1）省检修公司、地市公司、县公司运检部依据已下达的年度检修计划，每月 10 日前组织完成下月度检修计划编制并报送各级调控中心。

（2）各级运检部应参加各级调控中心组织的月停电计划平衡会。

（3）各级运检部根据调控中心发布的停电计划月检修计划修订后组织实施。

（三）周计划

技术组根据月度生产计划和临时性工作、工作联系单及设备重要缺陷，在每周五前制订下周计划，计划应明确检修项目、内容、数量、计划时间，编制下周计划的同时对本周计划完成情况进行汇总，对本周未完成的检修项目应分析未完成的原因。技术组负责参加公司组织的周计划生产会进行计划的调整平衡。由主管生产领导在公司运维检修部下达周计划后组织各班组主要负责人召开周计划布置会，并总结上一周的生产工作完成情况。由技术组负责把周计划录入 PMS 系统，并进行跟踪，完成计划的执行、归档。报送流程大致如下：

（1）省检修公司分布（中心）、地市公司业务室（县公司）依据已下达月检修计划，统筹考虑专业巡视、消缺安排、日常维护等工作制订周工作计划。

（2）需设备停电的需要提前将停电检修申请提交各级调控中心。

（四）日计划

技术组根据周计划和临时性工作、工作联系单及设备重要缺陷，在每天下午三点前下达第二日的工作计划，计划应明确检修项目、内容、安全措施、施工班组、班组人数、班组所乘车辆。由技术组负责在每天 16:30 召开日计划布置会，下达第二天的工作任务。各班组负责人在每日工后会上汇报当天工作的完成情况，并说明未完成原因。

计划管理流程如表 3–1 所示。

表 3–1　　　　计划管理流程表

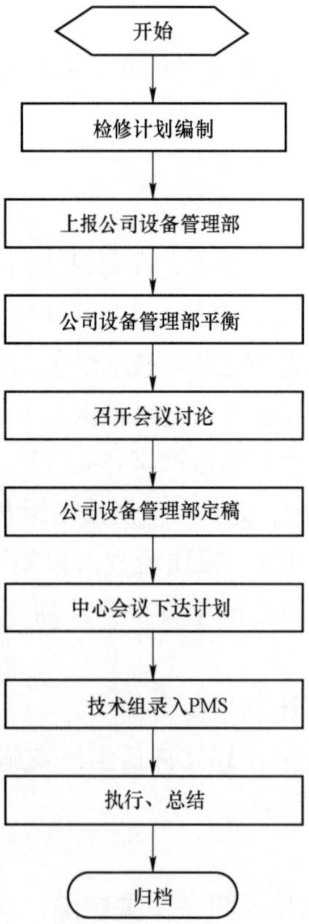

流程	说明
开始 → 检修计划编制 → 上报公司设备管理部 → 公司设备管理部平衡 → 召开会议讨论 → 公司设备管理部定稿 → 中心会议下达计划 → 技术组录入PMS → 执行、总结 → 归档	节点 1：变电检修中心根据多方面信息编制检修计划。 节点 2：编制好的检修计划上报公司运维检修部。 节点 3：公司运维检修部根据各个单位上报的计划进行总体平衡。 节点 4：由公司运维检修部牵头，召集公司领导、调度所、基建、安监、各分公司、各检修室等单位召开计划讨论会。 节点 5：根据讨论会结果，运维检修部进行计划修改后通过文件形式下发给各单位。 节点 6：变电检修中心接到文件后再次编制自己的计划，并召开会议下达给各班组。 节点 7：会议后由技术组负责把计划录入 PMS 系统中。 节点 8：执行过程中完成 PMS 系统中的录入工作，并且完成年度计划、月度计划、周计划的总结分析。 节点 9：计划完成后由技术组负责 PMS 中对计划归档

三、作业计划风险等级的分类

根据可预见风险的可能性、后果严重程度，作业安全风险分为一～五级，即稍有风险、一般风险、显著风险、高度风险、极高风险。

（1）五级风险（极高风险）：指作业过程存在极高的安全风险，即使加以控制仍可能发生人身重伤或死亡事故。

（2）四级风险（高度风险）：指作业过程发生的安全风险很高，如果不加干涉控制极易发生人身死亡事故。

（3）三级风险（显著风险）：指作业过程中的安全风险较高，不加控制可能发生人身重伤或死亡事故。

（4）二级风险（一般风险）：指作业过程存在一定的安全风险，不进行有效控制极有可能出现人身轻伤事故。

（5）一级风险（稍有风险）：指作业过程中产生的安全风险不高，倘若不进行有效控制有可能导致人身安全事件的发生。

五级风险不允许进行作业，须通过相应有效的技术措施降为四级后才能进行检修。如果工作时，天气比较恶劣且工作人员连续工作时间超过 8h 或者夜间作业等条件比较恶劣，公司应加强安全管控且增加作业风险等级。生产作业参照《典型生产作业风险定级库》开展风险定级，如表 3-2 所示；输变电建设、技改工程施工作业参照《国家电网公司输变电工程施工安全风险识别、预控措施管理办法》［国网（基建/3）176—2019］执行。各单位应结合现场实际情况进行管控，针对典型作业风险定级库进一步细化。

表 3-2　　典型生产作业风险定级库

序号	所属专业	作业内容	风险因素	风险等级
1	变电检修作业	110kV 及以上变电站全站集中检修、220kV 及以上母线检修	触电、机械伤害、高处坠落	四级
2		220kV 及以上变电站（换流站）主要设备（如变压器等）现场解体、更换、返厂检修和改（扩）建项目施工作业	触电、机械伤害、高处坠落	四级
3		变电站内 220kV 及以上线路（电缆）接火、参数测试等工作	触电、机械伤害、高处坠落	四级
4		变电站（换流站）保护及自动装置、直流电源更换作业	触电、机械伤害	三级
5		35kV 变电站全站集中检修、110kV 母线检修	触电、机械伤害、高处坠落	三级
6		母线带电情况下，10～35kV 开关柜开关仓内一次设备检修	触电、机械伤害、高处坠落	三级
7		变电站内 35～110kV 输电线路（电缆）停电检修（常规清扫等不涉及设备变更的工作除外），改造项目施工作业	触电、机械伤害、高处坠落	三级
8		涉及 5 个专业、或 3 个单位、或 5 个班组、或作业人员超过 50 人的大型复杂作业	触电、多班组交叉作业	三级
9		35～110kV 变电站（换流站）主要设备（如变压器等）现场解体、更换、返厂检修和改（扩）建项目施工作业	触电、机械伤害、高处坠落	三级

续表

序号	所属专业	作业内容	风险因素	风险等级
10	变电检修作业	110kV 及以上 GIS 套管、软母线安装作业	机械伤害、高处坠落	三级
11		220kV 及以上电网“新技术、新工艺、新设备、新材料”应用的首次作业	触电、高处坠落、机械伤害、物体打击	三级
12		35kV 变电站主变压器或母线停电综合检修或 110kV 及以上单间隔多专业检修	触电、机械伤害、高处坠落	二级
13		在运变电站内使用吊车、斗臂车、泵车等大型机械施工的作业	触电、高处坠落	三级
14		110kV 及以上变电站内龙门架上的工作		三级
15		二次系统和照明等回路、直流电源、通道和控制系统上的日常检修和处缺工作	触电	二级
16		涉及不超过 4 个专业、或 2 个单位、或 4 个班组、或作业人员超过 30 人的风险等级不超过三级的大型复杂作业	触电、多班组交叉作业	二级
17		220kV 以下电网“新技术、新工艺、新设备、新材料”应用的首次作业	触电、高处坠落、机械伤害、物体打击	二级
18		控制盘和低压配电盘、配电箱、电源干线上的检修和处缺工作	触电	一级
19		35kV 变电站单间隔多专业检修	触电、机械伤害	一级
20		运维人员实施不需高压设备停电或做安全措施的变电运维一体化业务项目	触电、机械伤害	一级
21		变电站内不需要停电并且不可能触及导电部分的清扫或综合治理工作	机械伤害、高处坠落	一级
22		单一班组、单一专业或作业人员不超过 5 人的风险等级不超过二级检修作业	触电、机械伤害	一级
23	变电带电作业	变电站内 110kV 及以上等电位带电作业	触电、高处坠落	四级
24		变电站内中间电位、地电位作业	触电、高处坠落	三级
25	变电试验	220kV 及以上油浸变压器公司放及耐压试验、110kV 及以上高压电缆耐压试验	触电、高处坠落	三级
26		110kV 油浸变压器公司放及耐压试验、35kV 高压电缆耐压试验	触电、高处坠落	三级
27		35kV 油浸变压器公司放及耐压试验、10kV 高压电缆耐压试验	触电、高处坠落	二级
28		35kV 及以上一次设备耐压试验	触电	二级
29		10kV 一次设备耐压试验	触电	一级
30	变电电缆作业	220kV 及以上开断电缆作业	触电、爆炸	四级
31		邻近易燃、易爆物品或电缆沟、隧道等密闭空间动火作业	火灾、中毒、窒息	四级
32		110kV 及以上高压电缆试验	触电、高处坠落	三级

续表

序号	所属专业	作业内容	风险因素	风险等级
33	变电电缆作业	35～110kV 以上开断电缆作业	触电、爆炸	三级
34		制作环氧树脂电缆头和调配环氧树脂工作	中毒、窒息	三级
35		35kV 高压电缆试验	触电、高处坠落	二级

四、作业计划的安全管控

生产检修、大修技改、基建工程、营销作业、配（农）网工程、信息通信、产业单位承揽的内外部施工业务应全部列入检修计划，在风险管控平台上对作业计划实施刚性管理。各单位应建立健全的作业计划管控体系，对计划的编制、审批和发布工作机制进行相应的规定。针对各部门及专业计划管理工作人员，加强责任心的落实，全面对现场作业进行安全管控。作业单位（或建设管理单位）专业管理部门应充分利用平台进行编制、审核、发布周作业计划，并向作业班组工作负责人进行传达，包括工作内容、作业风险及特殊工作的安全措施。作业计划在编制时需充分考虑机具、备品备件及管理和作业人员承载作业能力，高风险作业应尽量同时开展。

（一）风险评估与发布

作业计划批准以后，对需要现场勘察的作业项目应由中心专责组织人员现场勘察，并填写现场勘察记录。

经现场勘察，由于作业环境、设备状况等因素，导致现场管控措施无法实施的三、四级风险作业即构成五级风险作业，待具备条件后方可作业。

中心应在工作类型、作业内容及现场勘察情况基础之上，根据工作作业、停电范围及输变电工程典型风险定级库，对作业计划存在的风险进行相应的评估定级，并对工作的危险控制措施进行完善：

（1）编制“三措”。三级及以上风险作业应编制“三措”（施工组织设计）；涉及多专业、多单位的作业项目，应由项目主管部门、单位组织相关人员编制。

（2）危险点分析。针对作业项目存在的危险点（风险因素），逐项制订控制措施。

（3）填写工作票。所有作业项目均应根据安规相应要求填写工作票（施工作业票），应明确工作范围、带电部位及安全措施等内容。

工作专责需把现场勘察记录、综合检修施工方案、工作票、危险点分析和安全控制措施等作业准备情况传输至安全风险管控平台。作业单位（建设管理单位）专业管理部门审核各项安全措施，明确三级和以上风险作业到岗到位领导，同时安监部门需确定安全督查人员，经分管领导同意后发布《作业安全风险预警管控单》，如表 3–3 所示；四级风险作业需提前报备省公司级单位专业管理部门、安监部门。对于需要多个工种进行配合作业的工作，由设备运维管理单位或项目管理部门组织作业风险定级、评估，并把对应的风险向相关专业、单位传达。

表 3-3　　作业安全风险预警管控单（模板）

××单位××专业［××年］××号

发布部门（盖章）：　　　　发布日期：××年××月××日

作业单位（部门）			
作业班组		工作负责人	
作业内容			
风险分析			
预警计划时间	××年××月××日××时		
预警解除时间		风险等级	
管控措施			
现场勘察记录			
“三措”			
工作票			
危险点分析和控制			
到岗到位人员	姓名	联系电话	
安全督查人员	姓名	联系电话	
编制人员	姓名	联系电话	
审核人员	姓名	联系电话	
签发人员	姓名	联系电话	

（二）计划的风险辨识及控制

检修计划一经批准，检修单位应在检修前做好检修计划的落实，组织开展检修勘察，落实人员、机具和物资，完成检修作业方案编审。

为全面掌握检修设备状态、现场环境和作业需求，检修工作开展前应按照检修项目类别组织合适人员开展设备信息收集和现场勘察，并填写勘察记录。勘察记录应作为检修方案编制的重要依据，为检修人员、工机具、物资和施工车辆的准备提供指导。大致过程如下：

（1）核实作业必需的备品备件、工器具和个人安全防护用品，确保合格有效。

（2）核实作业人员是否具备安全准入资格、特种作业人员是否持证上岗、特种设备是否检测合格。

（3）装设视频监控设备，通过移动作业 App 与作业计划关联。

（4）工作负责人办理工作许可手续后，组织全体作业人员开展安全交底，并应用移

动作业 App 留存工作许可、安全交底录音或影像资料。

（5）现场作业过程中，工作负责人要重点做好作业危险点管控，应用移动作业 App 记录控制措施落实情况。

（6）现场工作结束后，工作负责人应配合设备运维管理单位做好验收工作，核实工器具、视频监控设备回收情况，清点作业人员，应用移动作业 App 做好工作终结记录。

（7）作业过程中，各级专业管理部门、安监部门应采取管理措施加强风险管控。

管理人员到岗到位。三、四级风险作业领导干部和管理人员应到岗到位，应用移动作业 App 开展把关检查。

1）三级风险生产作业，相关地市级单位专业管理部门、二级机构负责人或管理人员应到岗到位。

2）四级风险生产作业，相关地市级单位分管领导或专业管理部门负责人应到岗到位。

3）涉及多专业、多单位的生产作业项目，地市级单位相关部门和单位应分别到岗到位。

4）输变电、技改工程到岗到位要求按照《国家电网公司输变电工程施工安全风险识别、预控措施管理办法》［国网（基建/3）176—2019］执行。

监督检查。各级安监部门、安全督查队应用移动作业 App 对作业现场开展督查，安全管控中心通过视频对作业现场开展督查。

1）省公司级单位，重点督查全省（本单位）区域范围内的四级风险作业现场。

2）地市公司级单位，重点督查全市（本单位）区域范围内的三级及以上风险作业现场。

3）县公司级单位，对所辖区域范围内作业现场进行督查。

（三）承载力辨识及控制

检修计划批复以后，应根据工作任务做好人员和机具的承载力安全管控分析。

（1）人员承载力安全管控。

1）检修计划下达后，检修单位应指定具备相关资质、有能力胜任工作的人员担任检修工作负责人、检修工作班成员和项目管理人员；

2）特殊工种作业人员应持有职业资格证；

3）外来人员应进行安规考试，考试合格，经设备运维管理单位认可后，方可参与检修工作；

4）检修工作开始前，应组织作业人员学习和讨论检修计划、检修项目、人员分工、施工进度、安全措施及质量要求。

（2）工机具承载力安全管控。

1）检修前，检修单位应确认检修作业所需工机具、实验设备是否齐备，并按照规程进行检查和试验；

2）检修单位应提前将检修作业所需工机具、试验设备运抵现场，完成安装调试，分区定置摆放；

3）检修机具应指定专人保管维护，执行领用登记制度。

（3）备品备件承载力安全管控。

1）检修计划下达后，检修单位应指定专人负责联系、跟踪物资到货情况，确保物资按计划运抵检修现场；

2）检修物资应指定专人保管，执行领用登记制度；

3）易燃易爆品管理应符合《民用爆炸物品安全管理条例》《爆炸安全规程》等相关规定；

4）危险化学物品管理应符合《危险化学品安全管理条例》等规定。

五、检修周期的安全管控

状态检修工作实行班组、变电运维检修中心和公司三级评价体系，基本流程包括设备信息收集、设备状态评价、风险评估、检修决策、检修计划、检修实施及绩效评估在内的各环节。设备状态评价应按照国家电网公司相关输变电设备状态评价导则、《输变电设备状态检修试验规程》（Q/GDW 168—2008）等技术标准和省公司状态检修的相关实施细则执行，通过对设备特征参量收集、分析，确定设备状态和发展趋势。设备状态评价、风险评估和检修决策实行动态管理，每年进行一次。当年计划检修的设备，原则上要求在检修前 30 日及检修完成后 10 日内各补充评价一次。状态检修工作小组负责检修中心所辖设备的信息收集，收集范围包括投运前信息（出厂报告、交接报告等）、运行信息（包括事故、缺陷、跳闸、运行工况等）、检修信息、试验信息、带电检测信息（离线检测、在线监测等）。并及时分类下发各有关班组。技术组在接到班组初评意见后，应组织各相关技术人员进行审核、汇总，并形成设备状态检修室初评报告，并递交公司生产主管部门和状态检修工作小组。

（一）设备巡检原则

在设备运行期间，应按规定的巡检内容和巡检周期对各类设备进行巡检，巡检内容还应包括设备技术文件特别提示的其他巡检要求。设备巡检指设备专业巡视，有别于变电站日常巡视，巡检情况需含有书面或电子文档记录。

在雷雨季节前，大风、降雨（雪、冰雹）、沙尘暴及有明显震感的地震之后，应对相关设备加强巡检；新投运的设备、对核心部件或主体进行解体检修后重新投运的设备，宜加强巡检；日最高气温 35℃以上或大负荷期间，宜加强红外测温。

变压器在进行巡检时，具体要求如下：

（1）外观无异常，油位正常，无油渗漏。

（2）记录油温、绕组温度、环境温度、负荷和冷却器开启组数。

（3）呼吸器呼吸正常；当 2/3 干燥剂受潮时应予更换；若干燥剂受潮速度异常，应检查密封，并取油样分析油中水分。

（4）冷却系统的风扇运行正常，出风口和散热器无异物附着或严重积污；潜油泵无异常声响、震动，油流指示器指示正确。

（5）变压器声响和振动无异常，如有异常，应加强跟踪定量测量，必要时停电检修。

其他电力设备巡检原则参考 Q/GDW 168—2008《输变电设备状态检修试验规程》。

（二）设备状态的周期调整

电力设备存在下列情况时，对基准周期进行简要调整：

（1）对于停电例行试验，各省电力公司可依据设备状态、地域环境、电网结构等特点，在基准周期的基础上酌情延长或缩短试验周期，调整后的周期一般不小于 1 年，也不大于基准周期的 2 倍。

（2）对于未开展带电检测的设备，试验周期不大于基准周期的 1.4 倍；未开展带电检测的老旧设备（大于 20 年运龄），试验周期不大于基准周期。

（3）对于巡检及例行带电检测的试验项目，试验周期即为基准周期。

（4）同间隔设备的试验周期宜相同，变压器各侧主进开关及相关设备的试验周期应与该变压器相同。

出于电网运行安全考虑，对于出现故障的电力设备可提前进行检修和试验，具体内容如下：

（1）巡检中发现有异常，此异常可能是重大质量安全隐患所致。

（2）带电检测显示设备状态不良。

（3）以往的例行试验有朝着注意值或警示值方向发展的明显趋势；或者接近注意值或警示值。

（4）存在重大家族缺陷。

（5）经受了较为严重的不良工况，不进行试验无法确定其是否对设备状态有实质性损害。

（6）如初步判定设备继续运行存在风险，则不论是否到期，都应列入最近的年度试验计划，情况严重时，应尽快退出运行，进行试验。

对于运行良好的设备且未发现明显异常，可以适当增加试验周期，具体情况如下：

（1）巡检中未发现可能危及设备安全运行的任何异常。

（2）带电检测（如有）显示设备状态良好。

（3）上次例行试验与其前次例行（或交接）试验结果相比无明显差异。

（4）没有任何可能危及设备安全运行的家族缺陷。

（5）上次例行试验以来，没有经受严重的不良工况。

电力相关设备具体检修和试验周期参考 Q/GDW 168—2008《输变电设备状态检修试验规程》。

六、设备计划投运的安全管控

在电气设备上工作结束后，修试人员应进行自验收，自验收分为两个步骤，① 工作小组验收；② 工作负责人进行验收，将工作情况记入工作记录簿，并写明是否可投入运行的结论。检修人员会同运行人员对检修设备进行检查、验收，无疑后方可办理终结手续。

对重要设备的大修、大范围停电检修和新设备投产，市公司运维检修部、变电运维检修中心和变电站应组织和安排好设备的验收工作。检修后的开关、闸刀应进行电动（连动）操作验收；对调试、校验后的继电保护应检查端子、连接片、切换开关、定值等是否处于正常位置；对检修、预试后的设备要检查工作班装设的临时接地线、短接线、试验线等是否拆除、有无遗留物。验收的设备个别项目未达到验收标准，而系统急需投入运行时，需经地区公司总工程师批准，并将决定意见在值班日志和工作记录簿上做好记录。工程验收记录单如表 3–4 所示。

表 3–4　　变电运检中心工程质量验收记录单

工程名称		验收日期	
验收间隔			
参加人员			
间隔名称	验收情况	整改情况	评价
验收结论			

验收人员了解设备情况，查阅设备档案，查看设备修试记录。工作负责人填写完整的修试记录，修试项目及结果，应消除缺陷是否完成，设备还存在哪些问题，设备可否投运结论等。验收人员根据修试记录会同工作负责人到工作现场进行验收（验收中涉及的操作按工作票许可指导书相关要求执行），同时应按设备验收标准上验收内容逐条进行仔细验收。

对验收不能通过的项目，修试人员应按照验收提出的要求进行整改，直至达到验收标准要求。设备个别项目未达到验收标准，而设备急需投入并且不影响设备安全运行时，需经市公司总工程师批准，并将决定意见在运行值班日志、工作记录簿上和检修记录中做好记录。现场验收结束后，对设备验收情况在修试记录上做好验收记录。

为保证电力设备顺利验收及投产运行，需提前制订投产计划或冲击方案，具体流程如图 3-8 所示。

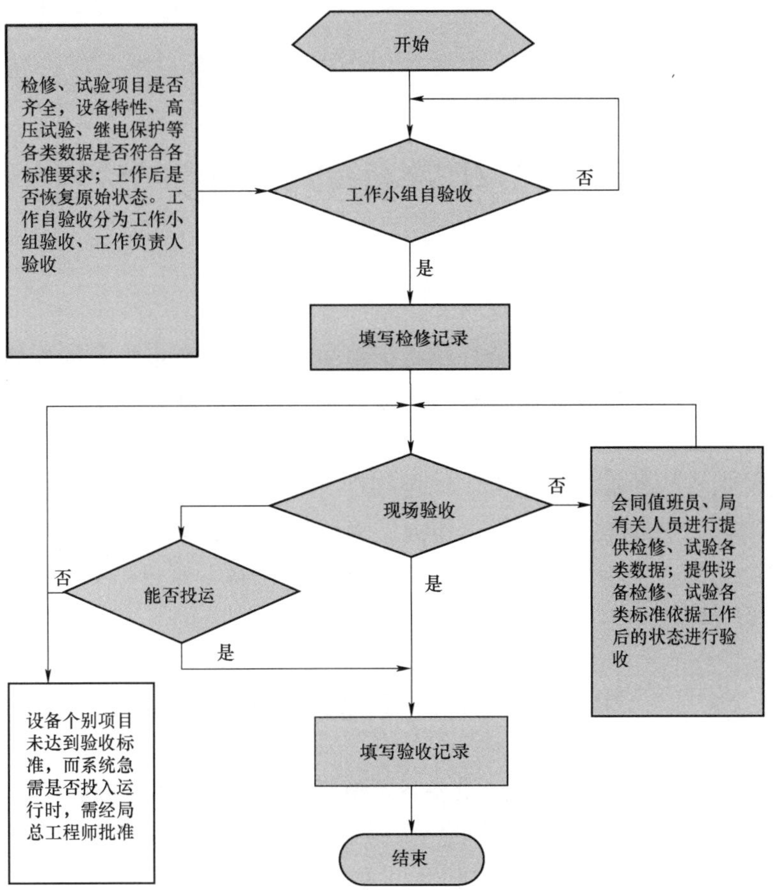

图 3-8 变电运检中心设备验收流程图

第四章

“运检合一”生产作业现场安全管控

“运检合一”生产作业现场安全管控是指对生产区域内变电设备的检修、试验、巡视、消缺、维护、应急抢修、倒闸操作及改（扩）建项目施工等工作的安全管控。生产作业安全管控依据流程可分为作业准备、作业实施、监督考核三个环节，其中，作业准备阶段包括资料的准备和审查、现场踏勘、方案（含三措）编审、风险点分析和预控措施编制、两票的填写等内容；作业实施阶段包括倒闸操作、安全措施布置、许可开工、安全交底、现场作业、安全监护等内容；监督考核包括到岗到位、安全督查等内容。

第一节　资料的准备和审查

现场作业开始前，详尽的收集、准备各类资料有助于全面的掌握被检修设备的状态、设备的工作原理、与其他设备之间的联络关系、作业中的危险点，以及相关反措要求等，能够更加有针对性地进行风险辨识，制订更为全面的风险预控措施和标准化作业流程，降低作业风险。

传统的运维、检修分离模式下，运维、检修分属于两个部门，运维部门对设备的了解集中在设备的运行状态、巡检数据、缺陷信息等会经常更新的动态信息，而检修部门更为关注设备的运行原理、检修试验数据、安装调试记录等相对稳定的静态信息，两者之间存在信息隔阂，甚至存在人为壁垒阻碍信息的充分共享与收集。而运检合一模式下，运维人员即是检修人员，不仅打破的信息壁垒，还因信息的充分流通交融，使得可能存在的隐藏风险得以被发现，从根本上提升了信息收集的效率，减少了作业风险。

根据不同的作业类型，应收集准备不同的资料。

一、改（扩）建作业

改（扩）建作业对于信息、资料的收集要求尽可能全面，包括但不限于如下资料与信息：

（1）工程相关资料，包括可行性研究、检修计划、设计图纸、踏勘记录、施工方案等资料。

（2）新建或改造设备的出厂资料，主要包括铭牌参数、软件版本、出厂试验数据、设备厂家原理图、合格证、调试记录、设备说明书等资料。

（3）相关联设备的运行状态信息，主要包括铭牌参数、安装调试记录、交接试验数据、历次检修试验数据、家族缺陷、巡检数据、例行试验数据、诊断试验数据、设备缺陷等信息。

（4）与其他设备之间的联络关系，如五防闭锁关系、与失灵保护、远方跳闸、电网安全自动装置、联跳回路、重合闸、故障录波器、变电站自动化系统、继电保护及故障信息管理系统之间的联系信息。

（5）相关规程规定与作业标准，包括检验规程、标准化作业指导书、现场运行规定、反措要求等资料。

（6）管理部门出具的设备整定文件，包括运检部出具的整定联系单、调度部门出具的保护定值单，自动化部门出具的遥信、遥测、遥控联调表。

（7）二次工作安全措施票，在进行保护装置改造时，需将检修设备与运行设备进行安措隔离，采取拆段、短接二次回路，投退压板、空气开关等安全措施的，要提前编制二次工作安全措施票并审核。

为进一步降低作业风险，资料收集完成后，应组织运行人员和检修人员对所收集的资料进行联合审查，审查时应着重关注以下方面：

（1）审查施工方案的人员安全承载力情况，结合停电计划、工作进度安排、人员力量、作业任务和危险点，审核作业现场的人员安全承载力情况，确保工作现场具备足够的安全承载力。

（2）审查施工方案所列危险点和风险预控措施的正确性和充分性，详尽地分析各项工作中可能存在的危险点，充分讨论方案中所制定的预控措施是否适当和充足，必要时可申请设备陪停。

（3）审查设计图纸的正确性，确保设计图纸符合现场实际情况，并且满足相关技术规程、反事故措施和运行管理规程的要求。

（4）审查所编制的二次工作安全措施票的正确性和完整性，详尽地分析保护设备与其他设备的联络关系，确保二次工作安全措施票所列的安全措施适当且充足，与现场实际情况保持一致。

二、检修作业

综合检修作业需收集的资料和信息包括：

（1）设备运行状态信息，主要包括铭牌参数、安装调试记录、交接试验数据、历次检修试验数据、家族性缺陷、巡视数据、例行试验数据、隐患信息、设备缺陷等信息。

（2）设备原始竣工资料，包括设计图纸、厂家原理图、说明书、定值单等资料。

（3）与其他设备之间的联络关系，如五防闭锁关系、与失灵保护、远方跳闸、电网安全自动装置、联跳回路、重合闸、故障录波器、网络分析仪、变电站自动化系统、对时系统、继电保护及故障信息管理系统之间的联系信息。

（4）相关规程规定与作业标准，包括检验规程、标准化作业指导书、现场运行规定、反措要求等资料。

（5）二次工作安全措施票，对重要和复杂保护装置，如母线保护、失灵保护、主变压器保护、远方跳闸、有联跳回路的保护装置、电网安全自动装置和备自投装置等的现场检验工作，应编制二次工作安全措施票，并经技术负责人审核通过。

资料收集完成后，应对资料进行审查：

（1）审查施工方案的人员安全承载力情况，结合停电计划、工作进度安排、人员力量、作业任务和危险点，审核作业现场的人员安全承载力情况，确保工作现场具备足够的安全承载力。

（2）审查施工方案所列危险点和风险预控措施的正确性与充分性，详尽地分析各项工作中可能存在的危险点，充分讨论方案中所制订的预控措施是否适当和充足，必要时可申请设备陪停。

（3）审查所编制的二次工作安全措施票的正确性和完整性，详尽地分析保护设备与其他设备的联络关系，确保二次工作安全措施票所列的安全措施适当且充足，与现场实际情况保持一致。

三、抢修作业

抢修作业往往具备时间紧、任务重的特点，其资料和信息的收集应具有针对性，以免耽误抢修时效。

（1）缺陷设备运行状态信息，包括铭牌参数、历史缺陷处理记录、巡检数据、后台告警信息等。

（2）缺陷设备原始竣工资料，包括设计图纸、厂家原理图和说明书。

（3）与其他设备之间的联络关系，如五防闭锁关系、与失灵保护、远方跳闸、电网安全自动装置、联跳回路、重合闸、故障录波器、变电站自动化系统、继电保护及故障信息管理系统之间的联系信息。

（4）相关消缺技术规程。

抢修作业资料的审查工作着重关注设计图纸与现场实际的一致性。

四、验收作业

验收作业关注的是设备的静态信息，主要需收集以下资料和信息：

（1）设备出厂资料，主要包括铭牌参数、软件版本、出厂试验数据、设备厂家原理图、合格证、调试记录、设备说明书等资料。

（2）相关规程规定与作业标准，包括各专业的反措要求、验收标准、技术规程、精益化要求等资料。

验收作业对资料的审查着重关注资料的合规性和完整性。

第二节 现场踏勘和方案编审

现场踏勘和方案编审是作业准备阶段的主体工作，踏勘的结果为后续的风险点分析和预控措施制订、三措一案的编制、两票的填写提供依据。检修方案是检修项目现场实施的组织和技术指导文件，是踏勘结果和风险控制措施的集中体现，对其多级审核有助于保证检修方案的正确性和完备性，是落实作业现场风险管控的保障。

一、现场踏勘

为全面掌握检修设备状态、现场环境和作业需求，现场作业开展前应按作业项目类别组织合适人员开展设备信息收集和现场踏勘，并填写踏勘记录。现场踏勘应注意接线方式、设备特性、工作环境、间隙距离、交叉跨越等情况，以便确定采用的方法和采取必要的安全措施。踏勘记录应作为检修方案编制的重要依据，为检修人员、工机具、物资和施工车辆的准备提供指导。

在运检独立模式下，踏勘工作往往由检修工作负责人或工作票签发人组织，检修工作负责人对于设备的运行状态、缺陷情况、现场环境等难以全面掌握，进而可能导致风险辨识不足、危险点分析不到位的情况，而在“运检合一”模式下，检修人员即为运行人员，检修工作负责人本身便是变电站设备主人，对于设备状态、现场环境等具有充分的了解，不仅有助于提升踏勘效率，更是为全面辨识作业风险，制订详尽的管控措施提供了有利条件。

（一）踏勘要求

（1）勘察人员应具备《国家电网公司电力安全工作规程》中规定的作业人员基本条件。

（2）外来人员应经过安全知识培训，方可参与现场勘察，并在勘察工作负责人的监护下工作。

（3）检修工作负责人应参与检修前勘察。

（4）现场勘察时，严禁改变设备状态或进行其他与勘察无关的工作，严禁移开或越过遮拦，并注意与带电部位保持足够的安全距离。

（二）踏勘标准

变电作业中需要踏勘的典型作业项目如下：

（1）变电站主要设备现场解体、返厂检修和改（扩）建项目施工作业。

（2）变电站（换流站）开关柜内一次设备检修和一、二次设备改（扩）建项目施工作业。

（3）变电站（换流站）保护及自动装置更换或改造作业。

（4）多专业、多班组、多单位交叉作业的大型复杂检修作业和本班组管辖范围外的设备的检修作业。

（5）使用吊车、挖掘机等大型机械的作业。

（6）试验和推广新技术、新工艺、新设备、新材料的作业项目。

（7）工作票签发人或工作负责人认为有必要现场勘察的其他作业项目。

（三）踏勘内容

（1）核对检修设备台账、参数。

（2）对改造或新安装设备，需核实现场安装基础数据、主要材料型号、规格，并与土建及电气设计图纸核对无误。

（3）核查检修设备评价结果、上次检修试验记录、运行状况及存在缺陷。

（4）梳理检修任务，核实大修技改项目，清理反措、精益化管理要求执行情况。

（5）确定停电范围、相邻带电设备。

（6）明确作业流程，分析检修、施工时存在的安全风险，制订安全保障措施。

（7）确定特种作业车及大型作业工机具的需求，明确现场车辆、工机具、备件及材料的现场摆放位置。

二、方案编审

检修方案是检修项目现场实施的组织和技术指导文件。检修项目实施单位应在规定时间内组织完成检修方案编制，在完成自审核后报检修项目管理单位审核。

（一）方案编制

（1）大型检修项目应在检修项目实施前 30 天完成检修方案的编制，方案应包括编制依据、工作内容、检修任务、组织措施、安全措施、技术措施、物资采购保障措施、进度控制保障措施、检修验收工作要求、作业方案等各种专项方案。

（2）中型检修项目应在检修项目实施前 15 天完成检修方案的编制，方案应包括编制依据、工作内容、检修任务、组织措施、安全措施、技术措施、物资采购保障措施、进度控制保障措施、检修验收工作要求、作业方案等各种专项方案。

（3）小型检修项目应在检修项目实施前 3 天完成检修方案的编制，方案应包括项目内容、人员分工、停电范围、备品备件及工机具等。

（二）方案审查

检修方案编制完成后，检修项目实施单位先组织相关人员进行自审查，之后递交检修项目管理单位，由项目管理单位组织完成方案审核，报分管生产领导批准。对于一次设备检修项目，其归口项目管理单位为运检部，对于二次检修项目，其归口项目管理单位为调控中心。方案审查需关注以下内容：

（1）分析人员承载力情况，不仅要确保该工程所派工作负责人和工作班成员适当且充足，还应结合生产计划分析班组是否具备足够的人员应对剩余工作，必要时调整生产计划。

（2）工作内容与进度安排是否合适，统筹考虑人力、工期、有效工作时间、相关人员的配合、工作的难度与危险性、相关设备的陪停需求，分析每天的具体工作安排是否合理，工作内容是否有遗漏。

（3）危险点分析和预控措施的正确性与充分性，详尽地分析各项工作中可能存在的危险点，充分讨论方案中所制定的预控措施是否适当和充足，必要时可申请设备陪停。

（4）讨论相关运行设备的陪停需求，结合工作进度安排确定相关保护设备的陪停时间。

（5）确定相关人员、设备的配合需求，包括倒闸操作人员、厂家人员、特种设备需求等。

三、踏勘案例

下面是一份 220kV ××变电站综合检修实际的踏勘记录表：

220kV ××变电站综合检修踏勘记录表
现场勘察记录

勘察单位： 变电运检中心　　　**部门（班组）：** 变电运检一班、变电运检二班

编　　号： TK－20200807－001

勘察负责人： 段×　　　**勘察人员：** 段×、蔡×、吴×、陈×

勘察设备的双重名称（多回应注明双重称号）：

220kV 层面： 3 号主变压器及三侧间隔、220kV 母联开关间隔、220kV 副母电压互感器间隔、甲乙 2439 线开关及线路间隔、丙丁 2438 线开关及线路间隔

工作任务［工作地点（地段）以及工作内容］：3 号主变压器及 220kV 设备区：220kV 综合检修

现场勘察内容：

1. 工作地点需要停电的范围

（1）3 号主变压器及三侧间隔：3 号主变压器及两侧断路器改检修，10 月 24～28 日（含 220kV 主变压器副母闸刀 C 检，3 号主变压器 220kV 断路器改检修，220kV 副母线改检修）。

（2）220kV 母联开关间隔：220kV 母联开关改检修，10 月 15～26 日（含 220kV 母联开关副母闸刀反措，220kV 母联开关改检修，220kV 副母线改检修）。

（3）220kV 副母电压互感器间隔：220kV 副母线及副母电压互感器改检修，10 月 15～26 日（含 220kV 副母电压互感器闸刀反措）。

（4）甲乙 2439 线断路器及线路间隔：甲乙 2439 线断路器及线路改检修，10 月 8～17 日；其中甲乙 2439 副母闸刀上导电臂反措在 10 月 15～17 日进行，220kV 副母线改检修，甲乙 2439 线断路器改检修。

（5）丙丁 2438 线断路器及线路间隔：丙丁 2438 线断路器及线路改检修，10 月 8～17 日；丙丁 2438 副母闸刀上导电臂反措在 10 月 15～17 日进行，220kV 副母线改检修，丙丁 2438 线开关改检修

2. 保留的带电部位：检修时间内相邻间隔带电 （1）3 号主变压器及三侧间隔：西面戊戊 43B1GIS 间隔带电。东面的丙丁 2438 线间隔带电。 （2）220kV 母联开关间隔：两侧的间隔均带电。 （3）220kV 副母电压互感器间隔：两侧的间隔均带电。 （4）甲乙 2439 线断路器及线路间隔：西面丙丁 2438 间隔同停。东面的 2 号主变压器 220kV 断路器间隔带电。 （5）丙丁 2438 线断路器及线路间隔：西面 3 号主变压器 220kV 断路器间隔带电。东面的甲乙 2439 线间隔停电
3. 作业现场的条件、环境及配合事项 （1）3 号主变压器在户外布置； （2）220kV 设备为户外敞开设备，110kV 设备为户外敞开设备；220kV 间隔设备西侧为本次综合检修的物料堆积区域； （3）35kV Ⅰ、Ⅱ段及其设备置于 35kV Ⅰ、Ⅱ段开关室； （4）二次屏位于继电保护室内。 **其他配合事项：** （1）检修中涉及解锁，由工作负责人现场提出，工作许可人确认后按照检修解锁流程配合解锁，并做好记录； （2）检修中涉及接地变动（拉开地刀或加挂地线），工作负责人现场提出，工作许可人现场确认后按照流程进行接地变动，属于调度许可的按照要求申请调度许可； （3）户外 220kV 及主变压器部分工作均需高架车及蜘蛛车进入现场工作； （4）检修作业过程中，如涉及 SF_6 气体工作的，需做好 SF_6 气体的收集及人身防护工作； （5）整个检修作业期间，检修物资需按照踏勘指定的地方定置布置，并做好相应的安全措施； （6）接地线需求情况：因为 220kV 断路器的开关母线侧接地闸刀均安装在副母闸刀上，因此，在做副母闸刀上导电臂更换或者 C 级检修时，需要用到 220kV 临时接地线，根据停电计划安排，秀水变副母综合检修工作中单阶段用到的最大数量接地线为 7 组，需要运检人员提前准备
4. 危险点及应采取的安全措施 进行安全、技术交底，使工作负责人、作业人员清楚停电时间、停电范围、工作内容，对危险点做好针对性预控措施。 **一次：** （1）**危险点：**误入带电间隔。**防范措施：**进入检修试验区域的工作人员，看清设备命名，严禁误入带电间隔进行工作。由于 220kV 正副母线带电，误入带电间隔、误碰带电部位是首要防范点。 （2）**危险点：**高空摔跌。**防范措施：**登高作业者应戴好保险带，应把梯子安置稳固并有专人扶持和监护。 （3）**危险点：**高压触电。**防范措施：**高压试验时做好安全围栏，并应有专人监护，防止他人误入试验区域；电气试验前，将无关人员清理试验区域，并与现场其他检修人员做好配合。 二次： （1）**危险点：**TA 二次侧开路，TV 二次侧短路或接地对设备或系统运行产生的危险。**防范措施：**加强监护。 （2）**危险点：**二次屏上接入外来存储介质时。**防范措施：**应做好信息安全交底。 （3）**危险点：**误碰同屏运行设备。**防范措施：**加强监护，做好安措。 （4）**危险点：**误碰相邻运行设备。**防范措施：**加强监护，做好安措。 **倒闸操作：** （1）**危险点：**操作感应电伤人。**防范措施：**进行开关闸刀拉合操作时，操作人员必须穿绝缘靴、戴绝缘手套。雨天室外操作，应使用带防雨罩的操作杆；雷电大风大雨时禁止操作；装拆高压熔断器时，应戴护目镜，站在绝缘垫上，必要时使用绝缘夹钳。 （2）**危险点：**误操作。**防范措施：**倒闸操作必须由两人进行，操作过程中严格履行监护复诵制度，监护人手持操作票逐项发令，操作人复诵无误后执行。操作中严格按照票面顺序逐项操作，每操作完一项均应进行“四对照”无误后在操作票上打勾，不得事后补打，一个倒闸操作任务应由同一组操作人监护人完成，中途不得换人。禁止使用万能钥匙随意解锁防误闭锁装置或暴力破坏防误闭锁装置。大型、重要操作站领导、值长或技术负责人应参与监护

5. 附图与说明：

（1）现场踏勘缺陷照片见下图。

（2）3 号主变压器 35kV 避雷器 C 相泄漏仪凝露，指针损坏

记录人：段×、朱×、蔡×、孙×

勘察日期：2020 年 8 月 7 日 9 时 00 分至 7 日 17 时 0 分

第三节 危险点分析与预控

在现场踏勘完成后，编制施工方案、填写“两票”前，应结合踏勘情况，针对作业存在的危险因素，全面开展风险分析。分析出的危险点应制订对应的预控措施，并在施工方案和“两票”中予以明确。

在“运检合一”模式下，由于运行与检修之间的界限比较模糊，对原检修人员参与运行工作或原运行人员参与检修工作的情况，容易产生一些新的危险点，如人员技能水平不足、不履行或简化工作许可手续、不执行安全措施或安全措施执行不到位等，应引起重视。

危险点分析和预控措施的制订是极具针对性的，对于不同的作业类型应具有不同的管控措施，下面针对不同运检作业类型分析典型的危险点与相应的预控措施，可供参考。

一、变电运检作业通用危险点与预控措施

变电运检作业通用危险点是指无论是何种作业类型都可能存在的危险点，可以从作

业环境、作业人员、安全工器具、组织措施、技术措施以及准备工作六个方面进行危险点辨识，并制订相应预控措施。

（一）作业环境

作业环境是影响作业安全的外在因素，恶劣的作业环境将带来诸如设备异常、人身伤害、检修质量不合格等衍生危害。

（1）**危险点**：夜间作业，照明不足，导致诸如触电、高处坠落等事故。**预控措施**：检修现场应配备足够的固定照明设施，现场照明设施不足或工作位置无法获得直接照明时，应使用手电筒等移动照明设备。

（2）**危险点**：高温、高寒气候户外作业导致诸如中暑、冻伤等人身伤害；温湿度不满足要求导致试验数据不合格；雨雪天气户外作业导致直流接地等异常事故。**预控措施**：户外作业应满足无六级以上大风，无大雾、大雪、冰冻、雷雨天气，温度高于 5℃，湿度低于 75%。

（3）**危险点**：有限空间作业导致窒息、碰伤、触电等人身伤害。**预控措施**：有限空间作业需先自然通风或强制通风并检测合格后，才能开始作业，作业时应设置监护人，时刻关注与带电部位、金属架构的安全距离。

（二）作业人员

“运检合一”模式下，运检人员往往需要跨专业作业，作业人员是否具备足够的专业技能水平将极大地影响作业安全。此外，作业人员的精神状态、身体状况、作业资质等将直接影响整个作业过程的安全管控。

（1）**危险点**：作业人员技能水平不足，无法胜任工作。**预控措施**：加强对运检人员的专业培训，取得对应的作业资质后方可参加相应的工作。编制作业计划时，充分考虑人员的技能水平。

（2）**危险点**：作业人员身体状况或精神状态不良。**预控措施**：工作负责人要做到时刻关注作业人员的身体状况和精神状态是否良好，身体状况是否存在影响工作的伤病；精神是否疲劳困乏；情绪是否异常；有无连续工作或家庭等其他原因影响等。

（3）**危险点**：外来人员安全意识不足、安全教育不到位。**预控措施**：外来人员参加现场工作前，应取得安全准入资质。工作前，工作负责人应核实其安全准入资质，告知现场电气设备接线情况、危险点和安全注意事项并使用外来人员教育卡，有外来人员参与工作的，应增设专职监护人。

（4）**危险点**：作业人员着装不符合要求，未正确佩戴安全帽或穿着全棉长袖工作服、绝缘鞋。**预控措施**：工作开始前，工作负责人应仔细检查工作班成员的着装是否规范。

（三）安全工器具

使用未经检测或检测不合格的安全工器具，或未正确使用安全工器具将带来诸如人身伤害、设备损坏等安全隐患。

（1）**危险点：**安全工器具未经检测、检测超期或检测不合格。**预控措施：**安全工器具应定期检测，检测不合格的应及时更换。工作开始前，工作负责人应仔细检查安全带、绝缘梯、绝缘手套等安全工器具的外观、检测标签等合格、齐全。

（2）**危险点：**安全工器具使用方法不当。**预控措施：**安全工器具的电压等级应与实际相符，严格遵照相关使用规程使用。

（四）保证安全的组织措施

保证安全的组织措施包括工作票制度、工作许可制度、工作监护制度和工作间断、转移和终结制度。作业现场若未落实保证安全的组织措施将带来诸如走错间隔、人身伤害等安全风险。

（1）**危险点：**无票工作。**预控措施：**在电气设备上的工作，必须使用工作票或事故应急抢修单，禁止无票工作。

（2）**危险点：**不履行工作许可手续。**预控措施：**运检人员在工作开始前必须先充当工作许可人和工作负责人履行工作许可手续，而后工作许可人方可转变为工作班成员开展工作。

（3）**危险点：**监护不到位或失去监护。**预控措施：**现场作业至少应由两人进行，监护人要认真履行监护职责，不得离开现场。

（4）**危险点：**不履行工作间断、转移和终结制度。**预控措施：**若需中断作业，应保持现场执行的安全措施不变，所有作业人员撤离工作现场。用同一工作票在同一电气连接部分的几个工作地点依次转移工作时，所有安全措施应由运行人员在许可工作前全部布置完成，无需再办理工作转移手续。如果要转移工作地点，工作负责人应向工作班成员交代带电部位、注意事项和安全措施。现场作业全部结束后，工作班应清扫、整理现场。

（五）保证安全的技术措施

保证安全的技术措施包括停电、验电、接地、悬挂标示牌和装设遮拦（围栏）。作业现场未落实保证安全的技术措施将带来人身触电、设备异常等安全风险。

（1）**危险点：**工作位置与设备带电部位安全距离不足而未采取停电措施，导致人身触电伤害。**预控措施：**现场踏勘时，要评估工作人员在进行工作中正常活动范围与带电设备的距离，距离小于安规规定的安全距离的，或带电部位在作业人员的后面、左右两侧、上下，且无其他安全措施的设备，必须采取停电措施。

（2）**危险点：**检修设备停电，未把各可能来电侧的电源完全断开，导致人员触电。**预控措施：**在检修设备上工作前，应切断所有可能来电侧电源并确认无压；必须拉开隔离开关，手车开关必须拉至试验位置或检修位置，各方面至少应有一个明显的断开点，与停电设备有关的变压器和电压互感器，应断开电压互感器低压空气开关，并在电压互感器低压回路断开点放置“禁止合闸，有人工作”标示牌，机构箱等二次回路检查工作前需断开相关二次电源。对难以做到与电源完全断开的检修设备，可以拆除设备与电源之间的电气连接。

（3）**危险点**：停电操作后，悬挂接地线或合上接地刀闸前，未对停电设备进行验电，导致误挂接地线或感应触电。**预控措施**：装设接地线前必须进行验电操作，对于无法进行直接验电的设备，可以通过设备的机械指示位置、电气指示、带电显示装置、仪表及各种遥测、遥信等信号的变化来判断。应至少有两个非同源或非同样原理的指示发生对应变化时，才能确认该设备已无电。

（4）**危险点**：分合开关导致脱离接地保护。**预控措施**：接地线、接地刀闸与检修设备之间不得连有断路器（开关）或熔断器。若由于设备原因，检修设备与接地刀闸之间连有断路器（开关），在合上接地刀闸和开关后，应立即断开开关控制电源，并告知二次工作人员不得传动开关。

（5）**危险点**：临近带电设备导致感应触电。**预控措施**：检修间隔周围带电部分设置明显提示；若检修过程中需拆除搭头或者拉开接地闸刀，应确认是否需加装接地线，避免因失去接地保护造成感应电伤人，拆除工作接地线前应合上接地刀闸。

（6）**危险点**：悬挂标示牌和装设遮（围）栏不规范，造成人员触电。**预控措施**：悬挂标示牌和装设遮（围）栏应符合安规要求，标示牌数量充足、朝向正确，装设遮（围）栏满足现场安全的实际要求，工作开始前，工作负责人应对工作班成员进行安全交底，详细交代工作范围及相邻带电区域（来电侧闸刀、相邻运行间隔及相邻运行的母线、引线等）。

（7）**危险点**：悬挂标示牌和装设遮（围）栏不规范，造成走错间隔。**预控措施**：工作地点放置“在此工作”标示牌，相邻间隔设遮拦，工作前，仔细核对调度双重化命名，工作中加强对工作班人员的监护。

（六）准备工作

现场作业开始前，应做好作业准备工作，准备工作包括现场踏勘、方案编制、资料收集等内容，准备不足将增加作业风险。

（1）**危险点**：对于检修作业现场踏勘不到位，导致人身和设备事故。**预控措施**：现场作业开始前，变电运检人员应进行详尽的现场勘察，掌握作业现场的停电范围、带电部位、现场作业条件、环境和其他危险点。

（2）**危险点**：检修工作所需各类安全工器具、材料、图纸资料等准备不足，导致人身和设备事故。**预控措施**：工作前，应根据作业任务，详细准备作业所需的各类图纸资料、施工器具、施工机械和安全防护设施，安全用具应充足且合格；工作开始前，检查现场使用的各类工器具、材料、图纸资料、仪器仪表等合格完好。

（3）**危险点**：作业计划不合理，导致人身和设备事故。如计划时间过短、作业人员过少等。**预控措施**：制订作业计划时，要充分考虑工作量、作业难度以及人员承载力水平，安排充足的作业时间和作业人员。

二、变电检修作业危险点分析与预控措施

变电检修作业包括主变压器检修、断路器检修、隔离开关检修、互感器检修、母线检修、GIS 组合电器检修等作业项目，涉及机械施工、登高作业、电动工器具作业等作业类型，具有触电、打击伤害、高坠伤害、机械伤害等固有风险。

（一）施工机械作业

变电检修作业现场经常需要使用吊车、斗臂车、登高车等施工机械，施工机械在移动、转向、起吊过程中易发生触电、打击伤害等人身伤害。

（1）**危险点：**现场使用吊车、斗臂车、高架车等特殊机械时，对司机的安全交底和安全教育不到位，造成触电事故。如未告知现场作业范围和带电设备，导致吊臂对带电部位放电等。**预控措施：**工作负责人应对特种机械操作人员进行现场安全交底和安全教育，应告知其邻近的带电部位、作业危险点和安全注意事项。

（2）**危险点：**现场使用吊车、斗臂车、高架车时，未设置专人指挥，造成事故。**预控措施：**设立特种机械专职指挥人员，加强特种机械作业的全过程管理。

（3）**危险点：**现场使用特种机械时操作不规范造成触电。如吊车、斗臂车分臂、展臂、转向时未与带电部位保持足够的安全距离。**预控措施：**现场使用吊车、斗臂车应设专职指挥、专职监护人；吊车伸臂、转向时应与母线及其他带电设备保持足够的安全距离。

（4）**危险点：**在变电设备区域进行起重作业，由于吊车、斗臂车、高架车外壳未接地，引起感应电触电。**预控措施：**变电设备区域内使用吊车、斗臂车、高架车作业时，车身应可靠接地，接地线使用不小于 $16mm^2$ 的软铜线，接地棒插埋深度应满足要求。

（5）**危险点：**变电设备区域吊车、斗臂车、高架车支腿与软土地面接触面小，易造成机械倾覆引起设备事故。**预控措施：**吊机、斗臂车、高架车应置于平坦、坚实的地面上，不准在电缆沟、地下管线上面作业，不能避免时，应采取防护措施。吊机、登高车、升高平台现场使用时应将支腿完全打开，支腿支撑牢靠，必要时在支腿水平梁中间增设垫块保险。

（6）**危险点：**车辆在变电站通道上行驶或起重作业时，与带电设备安全距离不足或压坏电缆盖板等。**预控措施：**车辆进出、转移检修现场应有人引导，在检修通道内行驶速度不得超过 5km/h。

（7）**危险点：**移动平台使用不符合要求造成坠落。如超载使用，工作人员未使用安全带等。**预控措施：**高处作业正确系好合格的安全带，禁止站在工作斗的围栏上工作和将安装在工作斗进口处的栏杆移到最高处并固定在工作斗上来使用。工作斗严禁超载，作业时车辆不得熄火，主车驾驶员不能离开现场，负责车辆支腿和地面安全监护。登高车臂下严禁无关人员行走或停留。

（二）主变压器检修作业

主变压器检修作业需要攀爬主变压器本体，存在高坠、物体打击、机械伤害等固有风险。

（1）**危险点**：攀登主变爬梯（架构）发生人员摔伤。**预控措施**：攀登主变压器爬梯（架构）应逐档检查是否牢固，穿无钉软底鞋，上下爬梯（架构）应抓牢，不准两手同时抓一个梯阶；必要时使用防坠绳索。

（2）**危险点**：安全带使用不规范，采用低挂高用方式导致高处作业人员失控坠落。**预控措施**：安全带必须挂靠在坚固的架构上，应使用高挂低用的方式，严禁高用低挂。

（3）**危险点**：上下传递工具、材料不慎砸伤下方作业人员。**预控措施**：上下传递工具、材料应使用绳索或工具袋，严禁抛掷；上下层作业时应错开进行。

（4）**危险点**：主变压器拆搭头工作，工作人员被导线拉扯失去平衡，导致高处坠落。**预控措施**：主变压器拆搭头前，应先将导线进行固定，工作人员要佩戴安全带，以免发生坠落。

（5）**危险点**：吊装套管时，拉伤引线，造成设备损坏。**预控措施**：套管吊装所用的引线，张力应适当，牵引用的绳索应防止与吊绳发生缠绕。

（6）**危险点**：对于风冷型变压器，检修风扇或进行水冲洗时，冷却器总电源或风扇电源未断开，风扇突然启动造成人员伤害或触电。**预控措施**：进行风扇检修或水冲洗前必须先断开冷却器总电源和风扇电源，防止发生人身触电和机械伤害。

（7）**危险点**：SP 管道保压试验，泡沫喷雾灭火装置误启动。**预控措施**：SP 管道保压试验前，断开主变压器泡沫喷雾灭火装置的启动电磁阀，以防勿喷。结束后，恢复启动电磁阀。

（8）**危险点**：变压器顶部平台作业，发生高处坠落。**预控措施**：变压器顶部平台作业前，先清理顶盖上的油污，作业人员应穿软底绝缘鞋，鞋底也应清洁；在变压器顶部平台作业时，注意选择平整坚固的站立位置，在边缘处或爬梯上作业必须使用安全带，安全带采用低用高挂方式，如无合适的挂靠位置应使用登高作业车或搭设脚手架等作业平台。

（9）**危险点**：有载开关远方操作时，传动轴转动挤压作业人员，导致人身伤害。**预控措施**：有载开关远方操作前，通知相关工作人员远离传动机构，并派专人到现场看守，防止发生伤人事件。

（10）**危险点**：主变压器注油时，采用抽真空方式，真空度过高导致主变压器设备变形。**预控措施**：主变压器采取抽真空方式注油前，应先将机械强度无法承受真空压力差的附件与变压器油箱隔离，抽真空过程中密切监视真空度是否符合要求，防止设备损坏，对允许同样真空度的部件，应先将其连通后一起抽真空。

（11）**危险点**：主变压器进行循环滤油或注油工作时，未采取防感应电或采取的措施不规范，造成感应触电。**预控措施**：对主变压器进行循环滤油或注油工作前应先将主变压器高、中、低压侧套管引线短路并可靠接地；在主变压器上工作人员，如需接触主变压器三侧套管引线接头，应装设个人安保线或采取其他防止感应电的措施。

（12）**危险点**：作业人员进入变压器本体内部前，未将本体内的氮气充分排尽，导致人员窒息。**预控措施**：本体内充氮的变压器应充分排氮，排氮口设在空气流通处，人员位于上风处，当氧气含量未达到 18%以上时，任何人严禁进入变压器内；变压器本体在排氮后，应在空气中暴露 15min 以上，待氮气扩散后方可进行吊罩检查。

（13）**危险点：**变压器本体检修后，遗漏工器具或材料在器身上，导致变压器投运后设备损坏。**预控措施：**现场设立专人管理工器具和材料，检修工作开展前对所有工器具和材料登记造册，检修工作结束后逐一检查核对，防止遗漏。

（14）**危险点：**变压器内检时，异物进入变压器本体，导致变压器运行异常或变压器损坏。**预控措施：**变压器内检时，做好工器具登记，作业前相互检查，摘除身上佩戴的饰品，工器具采取防脱落措施。变压器孔洞打开时应做好防雨、防尘、防异物掉入措施。

（三）断路器检修作业

（1）**危险点：**断路器的储能机构储存的能量非正常释放导致人身伤害。**预控措施：**在断路器机构上工作前，应将弹簧、油压、液压等储能机构存储的能量完全释放，并断开储能电源；在作业过程中要注意不要将手脚放置于传动机构处，防止碾压手脚。

（2）**危险点：**检修设备的交、直流电源未完全断开，造成触电。如检修设备的控制电源、储能电源、信号电源等。**预控措施：**断路器机构检修前，必须断开所有控制、储能等电源。

（3）**危险点：**高空作业（断路器瓷套外观及引线接触面检修与检查）时，引起高空坠落人身伤害意外事件。**预控措施：**凡在坠落高度基准面 2m 及以上的高处作业，应采取先搭设脚手架、使用高空作业车、升降平台等安全措施，作业人员应正确使用安全带。禁止作业人员从断路器瓷件上攀登或将梯子靠在支柱绝缘子上，禁止安全带打在支柱绝缘子上，安全带不得低挂高用。

（4）**危险点：**SF_6气体大量泄漏，造成人员中毒及环境污染意外事件。**预控措施：**SF_6检测时作业人员应规范使用气体回收装置，充放气时工作人员应处于上风口，穿戴防毒面具、眼镜、专用工作服及乳胶手套；SF_6设备解体检修时，作业人员需穿着防护服并根据需要佩戴防毒面具或正压式空气呼吸器。打开设备封盖后，现场所有人员应暂离现场 30min。检修结束后，应用检漏仪检测各连接处是否存在泄漏情况，检修人员应洗澡，把用过的工器具、防护用具清洗干净。

（5）**危险点：**断路器试验或断路器传动时，存在于其他班组的交叉作业，易引起人身伤害或设备损坏事件。**预控措施：**提前与二次工作负责人做好沟通：一次开关试验时确保开关控制电源拉开，二次传动试验应在其他人员全部撤离传动设备并得到一次工作负责人同意后方可开始，传动设备应悬挂警告牌或派专人现场监护或挂“开关正在传动”标示牌。

（6）**危险点：**开关大修后安装速度传感器开关动作导致机械伤人。**预控措施：**开关大修后拆装速度传感器时，首先断开交直流电源，将压力完全释放。禁止未经试验负责人允许利用外接仪器分合开关。

（7）**危险点：**液压油更换不规范，未采取防止异物进入措施，导致液压油混入杂质，堵塞油路。**预控措施：**按照液压油更换方法进行更换，清洁油箱底部的滤芯和油箱注油口过滤网，更换油箱盖密封垫。

（四）隔离开关检修作业

（1）**危险点**：隔离开关的储能机构能量非正常释放伤人。**预控措施**：工作前，应对隔离开关机构所有储能部件的能量进行充分释放；弹簧机构分解前，将弹簧能量释放，做好防止弹簧突然弹出的防范措施。

（2）**危险点**：检修设备的交、直流电源未断开，造成触电。如检修设备的控制电源、储能电源、信号电源等。**预控措施**：隔离开关机构检修前，必须断开所有控制、储能等电源。

（3）**危险点**：检修隔离开关接地刀闸时，感应电引起人身伤害意外事件。**预控措施**：检修中应采取预防感应电措施，如检修隔离开关接地刀闸时，需要拉开接地闸刀进行检修时应征得运行人员的许可，检修人员应增加工作接地线，检修工作完毕后应立即恢复。

（4）**危险点**：检修过程中隔离开关机械反弹等引起人身伤害意外事件。**预控措施**：检修前应先将支柱绝缘子和操作机构分离；扶持捆绑牢固，采取防止单极闸刀自分措施；检修时使用专用工具，防止弹簧和齿轮扎伤。

（五）互感器检修作业

（1）**危险点**：互感器二次回路安全措施不全面，导致向一次设备反充电伤害人身。**预控措施**：电压互感器检修前，应断开互感器二次侧空气开关，取下熔丝，防止向一次设备反充电；电流互感器检修前，应将互感器二次侧短路接地或在二次端子切换箱切换至互感器侧并短路接地。

（2）**危险点**：一次设备拆、搭头时安全防护措施不到位，危及人身安全。**预控措施**：作业人员在互感器拆搭头时，应使用高架车和绝缘棚梯，并做好防滑和防高空坠落措施；互感器拆搭头时应与断路器侧配合进行，在工作负责人（监护人）统一指挥下，用绳子将连接线徐徐下放或上升，采取防引线反弹引起安全距离不够伤及人身安全措施。

（3）**危险点**：互感器瓷套外观检查及搭头检查时，易高空坠落。**预控措施**：选择梯子要得当，登高时梯子必须固定牢固，并做好防滑防坠落措施，使用登高车作业必须使用安全带。

（4）**危险点**：充油式互感器金属膨胀器检修或检查时压力异常造成危及人身安全。**预控措施**：检修前应检查膨胀器密封可靠，无渗漏油，无永久性变形；放气阀内无残存气体；检修人员在充（补）油时，应密切注意控制压力和油位指示，并做好压力和油位过高喷油伤及人身安全措施。

（5）**危险点**：SF_6互感器检修作业时安全防护不到位造成危及人身安全。**预控措施**：SF_6互感器在充（补）气体和检测时，作业人员应规范使用气体回收装置，充放气时工作人员应处于上风口，作业人员需穿着防护服、眼镜和乳胶手套，并根据需要佩戴防毒面具或正压式空气呼吸器；应检查SF_6密度继电器外观完好，压力指示在允许范围内；SF_6气瓶用后帽盖要检查是否旋紧，有否泄漏，检修结束后，检修人员需洗澡。

（6）**危险点**：电流互感器末屏、电压互感器末端、套管末屏接线未恢复。**预控措施**：拆除的电流互感器末屏、电压互感器末端、套管末屏接线应标识清晰，拍照留底，按标识记录逐一恢复并进行回路测量，确保可靠接地，同时做好断复引记录。

（六）母线检修作业

（1）**危险点**：检修母线接地不规范引起检修人员人身伤害事件。**预控措施**：接地线、接地闸刀与检修母线之间不得连有断路器（开关）或熔断器；检修部分如果被分段断路器和分段闸刀分隔成几个不相连的电气部分，则各段应分别验电接地短路；检修母线超过 10m 时应加挂工作接地线，防止感应电伤害检修人员。

（2）**危险点**：安全带挂设位置不正确，造成作业人员高空坠落。**预控措施**：作业人员安全带应挂设在结构牢固的横梁上；软母线上检修作业时，安全带应固定在母线上，禁止只固定在横梯上；硬母线检修作业时，安全带应固定在结构牢固的构件上，禁止固定在绝缘支持绝缘子上；作业人员换位时，应在不脱离安全保护措施时进行，必要时，应有安全带后备保护绳。

（3）**危险点**：横梯使用不规范，造成作业人员高空坠落。**预控措施**：软母线上检修作业前，应先检查横梁是否牢固，金具连接是否良好。使用竹梯在母线上骑行作业需满足母线截面积不小于 $120mm^2$，竹梯应横放在母线上，并应系好安全带；软母线上检修作业时，使用横梯前应检查梯子完好无损，绑扎牢固；使用横梯骑行作业应横跨软母线两相间进行，禁止三相同时跨越。

（4）**危险点**：使用软梯不规范，造成作业人员高空坠落。**预控措施**：使用软梯必须有人在地面进行辅助扶持，地面扶持人员应在悬挂点正下方稳固软梯，软梯的双钩都必须挂在母线上，挂钩应有防止脱钩的保险装置，正式攀登前用力试拉软梯，判断软梯挂设是否牢固；应逐级攀登并双保险交替使用，双手抓牢软梯主绳，脚要踩稳，严禁跳跃攀登。

（5）**危险点**：软母导线、固定金具、耐张线夹、悬垂线夹检查作业中防止工器具脱落，造成地面人员伤害和设备损坏。**预控措施**：母线检修时，作业场所下方不得有人站立和行走；作业人员上下传递物件时应使用绳子，严禁抛扔，以防砸伤人员和设备。

（七）GIS 组合电器检修作业

（1）**危险点**：GIS 设备的储能机构储存的能量非正常释放导致人身伤害。**预控措施**：工作前，应对所有操动机构的能量要释放全部能量（弹簧、气压），并且插好防止分闸和合闸销；弹簧机构分解前，将弹簧能量释放，做好防止弹簧突然弹出的防范措施；在作业过程中要注意不要将手脚放置于传动机构处，防止碾压手脚。

（2）**危险点**：检修的 GIS 设备与运行的 GIS 设备间没有明显的断开点，作业人员误碰带电设备导致人员触电或高压设备绝缘闪络。**预控措施**：检修的 GIS 设备与运行的 GIS 设备间没有明显的断开点时，需在带电设备上粘贴明显的警示标识，并做好安全交底。

（3）**危险点**：GIS 组合电气室通风装置不完善和作业人员安全防护不规范，引起人员中毒事件。**预控措施**：GIS 组合电气室应装设强力通风装置。在检修前应在开启通风系统 30min 后方可进入室内，作业人员不准单独进入 GIS 组合电气室工作；作业人员进入 GIS 组合电气室前应检测空气中的含氧量（要求不低于 18%）和 SF_6 气体的含量；进入 GIS 组合电气室检修人员，应戴防毒面具或正压式空气呼吸器和防护手套；不准作业人员在设备防爆膜附近停留，抽风口应设在室内下部，通风量应保证 15min 换气一次。

（4）**危险点**：GIS 组合气室未进行 SF_6 气体回收、抽真空、充氮气等工序进行解体检修，引起检修人员中毒事件。**预控措施**：当 GIS 组合电室未进行 SF_6 气体回收、抽真空、充氮气等工序前，检修人员不准进行解体检修，只能进行状态检查（如检查校验压力表、压力开关、密度继电器是否良好；检查各类外露连杆紧固情况；检查各接地是否良好；各类箱门密封性等）。

（5）**危险点**：GIS 组合气室分解检修时，气体回收不规范，残留 SF_6 气体及其生成物引起检修人员中毒事件。**预控措施**：尽量减少 GIS 组合气室的分解作业，如必须进行 GIS 组合气室分解检修，应先进行气体回收、抽真空等操作，气体回收时作业人员应规范使用气体回收装置，充放气时工作人员应处于上风口，穿戴防毒面具、眼镜、专用工作服及乳胶手套；SF_6 设备解体检修时，作业人员需穿着防护服并根据需要佩戴防毒面具或正压式空气呼吸器。打开设备封盖后，现场所有人员应暂离现场 30min。检修结束后，应用检漏仪检测各连接处是否存在泄漏情况，检修人员应洗澡，把用过的工器具、防护用具清洗干净。

（6）**危险点**：主回路导通试验拆除接地排错误、试验结束后未及时恢复。**预控措施**：主回路导通试验拆除接地排之前需由现场负责人、试验负责人、监管人员确认导流排位置无误后方可进行拆除工作，导通试验结束后立即恢复接地排。

三、电气试验作业危险点分析与预控措施

电气试验作业分为高压试验作业和油务作业，常见风险点包括高压触电、设备损坏、感应触电等。

（一）高压试验作业

高压试验作业包括绝缘电阻、介质损耗、绕组电阻、短路阻抗、交流耐压、局部放电等试验项目，作业过程中容易产生人身触电和设备损坏事故。

（1）**危险点**：试验时，试验仪器没有接地或接地不良，导致试验人员感应电触电。**预控措施**：试验前，先将试验仪器接地，接地线应与试验仪器连接牢固，防止脱落，试验时，试验人员应站在绝缘垫上操作。

（2）**危险点**：误入加压试验区域。**预控措施**：工作现场有加压工作时，工作负责人应加强监护，防止工作人员误入加压试验区域，加压试验区域应设置临时遮拦并派人监护。

（3）**危险点**：多班组交叉作业或班组内交叉作业，沟通不到位，误加压导致人员触电。**预控措施**：高压试验加压前应通知其他人员全部撤离设备并得到工作负责人许可后

方可开始；试验过程中要高声呼唱，试验结束后，结果告知工作负责人。

（4）**危险点：**加压前未将调压器调至零位，接线过程中人员触电，或误加压造成仪器或设备损坏。**预控措施：**检查调压器零位位置、仪表的开始状态以及表计倍率均正确无误。

（5）**危险点：**试验人员改接线或试验阶段结束后，没有对试验设备进行放电，导致试验人员触电。**预控措施：**试验时，人员与带电设备保持规定的安全距离。试验每一阶段结束或者更改试验接线时，首先对被试品、高压部分进行充分放电并接地后再进行。大电容设备开展试验前后均需首尾端对地多次充分放电并接地。试验全过程做好安全监督工作，发现异常情况立即切断试验电源，试验电源必须有明显的断点，试验操作人员在绝缘垫进行。

（6）**危险点：**容性设备试验前后未放电或放电不规范，残余电荷造成试验人员触电。**预控措施：**对电缆、电容器等容性设备开展试验前后均需首尾端对地多次充分放电并接地，放电应使用放电棒进行，放电线截面应不小于 10mm^2；试验结束或试验告一段落，都应将设备对地多次放电并短路接地。

（7）**危险点：**电压互感器加压试验时，二次回路未断开，导致二次作业人员触电。**预控措施：**电压互感器开展试验时检查确保二次回路空气开关已断开，加压前告知二次工作负责人。

（8）**危险点：**设备试验时，由于感应电压的存在，造成人员伤害及仪器设备损坏。**预控措施：**现场工作时，使用绝缘手套、绝缘垫；测量接线前后，应挂装临时接地线。

（9）**危险点：**试验时，没有围栏或围栏有缺口，其他人员突然窜入造成触电；在围栏完好时，其他人员强行闯入，造成人员触电。**预控措施：**试验时，在试验设备四周设置围栏，围栏向外悬挂“止步，高压危险！”的标示牌，并有专人监护，升压时试验人员注意力高度集中，防止其他人员突然窜入和其他异常情况发生。

（10）**危险点：**使用绝缘操作杆时，操作不当致使绝缘操作杆倒向邻近带电设备引起事故。**预控措施：**使用绝缘操作杆时，操作人员注意力要集中，时刻关注绝缘操作杆与相邻带电设备的安全距离，操作杆过长时，可两人共同操作，当风力过大时暂停操作。

（11）**危险点：**在阴雨天气或污染物指数较高时进行试验，试验设备或被试设备由于表面脏污而引起闪络。**预控措施：**试验应在天气良好的环境下进行，空气湿度、污染物浓度都应符合要求，雷电大雨天气应停止试验，试验仪器和被试设备表面应保持清洁。

（12）**危险点：**主变压器套管上部试验，试验引线未夹紧，从套管上脱落砸伤作业人员或导致人员触电。**预控措施：**主变压器套管试验时，试验引线应固定牢固，线夹上的油污要清理干净，过程中不得拉扯引线，防止引线脱落。

（13）**危险点：**套管末屏开路引起套管损坏。**预控措施：**试验接线时检查检测阻抗及连接线导通良好，检查所有非测试相套管末屏接地良好。

（14）**危险点：**套管式电流互感器二次绕组开路引起损坏。**预控措施：**试验前套管式电流互感器二次绕组应短路接地。

（15）**危险点：**登高作业可能发生接（拆）线造成作业人员高空坠落。**预控措施：**工作中如需使用登高作业时，应做好防止作业人员高空摔跌的安全措施，必须使用安全带。

（16）**危险点**：试验过程中拆动二次接线，恢复时恢复错误，导致设备损坏。**预控措施**：试验过程中，如需拆动二次接线，拆动前应拍照记录，试验结束后对照恢复二次接线，并由第二人核对无误。

（17）**危险点**：测试过程中大幅度拉扯、摆动测试线可能造成与设备带电部位安全距离不足引起触电。**预控措施**：工作负责人向工作班成员交代工作任务时，必须讲明测试点各电压等级带电设备安全距离和注意事项。严禁大幅度拉扯、摆动测试线，工作中加强监护。

（18）**危险点**：试验完成后没有恢复设备原来状态导致事故发生。**预控措施**：试验结束后，恢复被试设备原来状态，进行检查和清理现场。

（二）油务试验作业

（1）**危险点**：油务系统作业时，作业人员行为不规范或现场消防设施配置不足，导致发生火灾；如作业人员吸烟、废弃油未及时收集清理，引发火灾。**预控措施**：油务系统工作时，工作现场严禁明火，禁止吸烟。仔细清理储油罐、滤油机、油管，对各处接头做好防水防潮保护措施，检修过程中充油设备取油样，废弃油及油坦克清洗所使用废弃油统一装入油罐内，并配备足够的消防器材及吸油毯。

（2）**危险点**：注油或取油工作时，设备连接不牢固，造成油泄漏。**预控措施**：油罐与油管的连接处及油管与其他设备之间的各个连接处必须绑扎牢固，严防发生跑油事故。

（3）**危险点**：油务系统作业，造成油污染。**预控措施**：滤油机必须接地，滤油机管路与变压器接口可靠连接；抽真空过程中，为防止真空泵停用或发生故障时，真空泵润滑油被吸入变压器本体，真空系统应装设隔离桶。

四、二次系统作业危险点分析与预控措施

二次系统作业分为二次设备安装、继电保护作业、自动化作业、直流系统作业，常见危险点有低压触电、打击伤害、设备异常事故、“三误”事故等。

（一）二次设备安装作业

二次设备安装作业包括设备吊装、倒屏立屏、电缆敷设、电源搭接等常见工序，作业过程中易产生打击伤害、触电伤害、设备异常事件等风险。

（1）**危险点**：起重设备使用不当导致人身伤害和设备损坏。**预控措施**：起重设备应具备合格证，起重设备应停放在坚固的地面上，支腿完全展开，必要时使用枕木支撑，接地棒插埋深度应符合要求。挂钩具备防脱钩装置，吊绳应检验合格并具有足够的裕度，重物悬挂捆绑牢固，起重工作设置专人指挥，起吊时注意与附近带电设备的安全距离，起吊时任何人不准站在吊臂及重物下。

（2）**危险点**：搬运屏柜造成人身伤害和设备损坏。**预控措施**：人力搬运屏柜或其他重物时应由专人负责指挥，搬运人员要注意相互配合，防止手指、脚趾压伤，设备倾倒、

滑脱。

（3）**危险点**：机械震动影响运行设备。**预控措施**：倒屏、立屏时应注意与其他屏柜之间的距离，应采取防止震动的措施。穿插或抽除电缆时，应注意力度，防止拖曳运行电缆导致线芯松脱或端子排松动。

（4）**危险点**：暴力施工导致电缆损坏。**预控措施**：电缆施工时严禁使用锐器扩孔，严禁重物压、砸电缆，防止工器具损伤电缆外皮。

（5）**危险点**：拉引电缆时误碰运行设备触电。**预控措施**：拉引电缆要戴手套，在运行设备附近拉引电缆时，要与带电部分保持足够的安全距离，防止误碰运行设备。

（6）**危险点**：电缆穿入带电柜内时触及带电部位。**预控措施**：电缆穿入带电的柜内，首先必须核对命名和位置无误，要有专人接引，电缆头要做好包裹措施，严防电缆触及带电部位。

（7）**危险点**：制作电缆伤及手、脚。**预控措施**：电缆剖头接线工作要佩戴好手套，使用专用的电缆剖刀，防止割刀伤害手脚。

（8）**危险点**：电缆孔洞封堵不到位。**预控措施**：电缆进出电缆沟、电缆竖井、控制室、屏（柜）以及穿入管子时，出入口应用防火堵料封闭。

（9）**危险点**：工作人员跌落坑洞导致摔伤。**预控措施**：井、坑、孔、洞或沟道应加装围栏或盖板，上下电缆井时，应有防坠落措施，加强监护。

（10）**危险点**：接、拆直流电源，发生短路、灼伤。**预控措施**：搭接、拆除直流电源时必须在空气开关断开的情况下进行，合上空气开关前需用万用表测量电缆对地绝缘和相间绝缘合格后方可合上空气开关，合空气开关时应两人相互配合，一人拉合空气开关，一人监视电压并发出相应口令。如确实无法断开直流电源，接、拆线时，需戴手套或使用绝缘垫，一人操作、一人监护，拆除时先拆电源侧，搭接时先搭负荷侧。螺丝刀、表笔线等工具金属部分做好绝缘措施，防止发生短路。

（11）**危险点**：误拆、接二次线。**预控措施**：拆除电缆前仔细核对图纸与接线，确认无误后方可施工。拆除电缆前先测量有无电，再拆一根用绝缘带隔离一根，需更换的电缆应在对线确认后拆除。优先使用备用芯对线，无备用芯时可使用屏蔽线对线，既无备用芯又无屏蔽线时需通过摸电缆的方式确定走向。拆线时，先断开电源侧电缆接线，再断开负荷侧电缆接线。

（12）**危险点**：拆除二次电缆导致二次回路短路。**预控措施**：电缆拆除尽可能断开各侧电源，应采用“拆一包一”的方式逐根拆除电缆并用绝缘胶布包好，禁止使用断线钳或采用其他方式切断整条电缆或同时切断几根电缆，防止同一电缆内不同线芯之间或不同电缆内线芯之间发生短路。

（13）**危险点**：图纸与现场实际不符。**预控措施**：现场工作开始前，应核对现场实际接线与图纸是否一致，如果不一致，应通过对线、核对电缆号牌、回路号等方法确认，并及时修改图纸，在图纸上注明修改人、修改时间、修改原因等，送交保护管理部门审核。

（14）**危险点**：二次屏柜整体更换导致运行设备失去电源。**预控措施**：二次屏柜整体更换前应摸排清楚上、下级电源走向，对于存在下游用电设备回路，应先完成下游设备的转供，特别是存在屏顶小母线的屏柜，要仔细排查屏顶交直流电源走向，确保被拆二次设备的退出不影响其他设备的安全运行。

（15）**危险点**：开断、搭接屏顶小母线时误碰屏顶小母线造成短路或接地。**预控措施**：开断、搭接屏顶小母线使用的开线钳需用绝缘胶布包裹，作业人员要佩戴手套，作业时要注意观察小母线之间的距离，开断时要注意开线钳与电缆之间的角度，防止误碰相邻小母线导致相间短路或接地。

（16）**危险点**：光缆敷设不当影响光纤传输效果。**预控措施**：在光缆或尾纤敷设过程中要注意防止光纤过度弯折，必须保证其所有弯折处的曲率半径均大于光纤外直径的20倍，接头部位应平直不受力，以确保光束在光纤中的可靠传输。

（二）继电保护检修作业

继电保护检修作业包括保护装置功能校验、该定值、电缆绝缘试验、开关传动试验等常见项目，易带来“三误”、人身触电、打击伤害和设备异常事故。

（1）**危险点**：误碰同屏运行设备。**预控措施**：若工作的柜（屏）上有运行设备，应用红布幔与检修设备隔开，需隔离的部位包括装置、端子排、空气开关、压板等。工作前，要仔细核对设备的名称和编号，对于端子排上的作业还应核对端子排内配线，确保不会误碰同屏运行设备。

（2）**危险点**：低压触电。**预控措施**：在工作位置前后左右存在带电部位的，应用布幔将带电部位进行隔离，必要时将带电设备申请停运。工作开始前先验电，进行带电作业使用的工器具，其裸露的金属部分要用绝缘胶布进行包裹，作业人员应佩戴手套。若在带电的电流互感器二次回路上工作时，应使用绝缘工具，还应站在绝缘垫上，以保证人身安全。同时将邻近的带电部分和导体用绝缘器材隔离，防止造成短路或接地。

（3）**危险点**：电缆绝缘试验造成人身触电事故。**预控措施**：绝缘测试前应通知回路上的工作人员停止工作，测试前应断开装置电源和控制电源，测试时应将线芯拆出，悬空进行，测试结束后立即对地放电。

（4）**危险点**：误拉运行空气开关导致运行设备失电。**预控措施**：在直流屏上断开直流空气开关时应仔细核对直流空气开关名称和编号，严防误拉运行空气开关。

（5）**危险点**：试验电源使用不当导致人身触电或误跳空气开关。**预控措施**：加强对试验电源、检修电源的管理和监护。检修电源设置符合规范，电源线必须绝缘良好，布线应整齐，检修人员应将电源线可靠搭接后关闭检修箱门，电源线严禁直接挂在刀闸上。检修电源接入应两人进行，检查确认无误后方可送电。二次校验电源应从试验电源屏接入。现场电动工器具、试验仪器等应接入带漏电保护装置的电源或漏电保护装置。

（6）**危险点**：保护装置外回路未完全接入导致直流接地。**预控措施**：回路未完善前，不得接入运行中的直流系统，若需使用直流电源应采用直流电源发生器供电，断开二次回路的外部电缆后，电缆芯线头应立即用绝缘胶带包裹。

（7）**危险点**：操作不当导致交流母线电压 TV 二次空气开关跳开。**预控措施**：母线

电压搭接时应先接保护侧后接带电侧，搭接工作应按相进行，并且严格防止相间短路，搭接时应两人配合，一人在母设屏或屏顶搭接，一人在保护屏处监测电压并发出相应口令。在带电 TV 二次回路上工作时，应做好绝缘包裹措施，测试仪接线应先接测试仪，后接电压端子排。

（8）**危险点：**安全措施不完善导致运行设备误跳闸。**预控措施：**严格按照经审核的安全措施卡执行安全措施，安全措施执行前，先核对现场接线是否与图纸相符，若不符要先查清回路，断开相关运行开关跳闸、母差启动失灵、主变压器失灵联跳、闭锁备用自动投入等回路的连线、连接片并做好绝缘措施。应特别注意拔下线路保护光纤通道尾纤，防止误跳对侧开关。远方/当地切换手把位置应正确。同屏其他运行装置应用布幔等做好绝缘隔离措施。

（9）**危险点：**插拔插件、芯片导致插件、芯片损坏。**预控措施：**插、拔插件必须在装置断电的情况下进行，插拔芯片必须使用专用的芯片起拔器，用手触摸芯片的管脚前，应将人体、衣物所带静电进行释放，插入芯片应注意芯片插入方向，防止针脚弯折，芯片插入后应经第二人检查无误后，方可通电检验或使用。

（10）**危险点：**在插件上通过焊接方式进行防跳方式的选择或跳闸保持电流整定时，方法不当导致插件损坏或回路异常。**预控措施：**焊接前应仔细咨询设备厂家人员焊接的位置，焊接时应当由两人进行，焊接时应使用专用电烙铁，并将电烙铁与保护屏（柜）在同一点接地，焊接时电烙铁必须处于断电状态，焊接后应由第二人检查是否虚焊，并进行传动试验和防跳试验验证回路的正确性。

（11）**危险点：**光纤损伤。**预控措施：**插拔光纤过程中应小心、仔细，光纤拔出后应及时套上防尘帽，避免光纤白色陶瓷插针触及硬物，从而造成光头污染或光纤损伤。光纤插拔过程中不得弯折，恢复后弯曲度应符合要求。

（12）**危险点：**误插、拔光纤，光纤紧固不到位。**预控措施：**插拔光纤前先核对光纤标识是否与现场光配表、设计图纸一致，取下的光纤应做好记录并戴好防尘帽，恢复时应两人进行，按照记录逐一恢复，恢复后，查看二次回路通信链路图，检查有无通信链路中断或异常告警。

（13）**危险点：**激光灼伤人眼。**预控措施：**严禁将光纤端对着自己和他人眼睛。

（14）**危险点：**主变压器非电量传动时攀登变压器发生人员摔伤。**预控措施：**攀登主变压器爬梯（架构）应逐挡检查是否牢固，穿无钉软底鞋，上下爬梯（架构）应抓牢，不准两手同时抓一个梯阶，必要时使用防坠绳索，在变压器顶部平台作业应使用安全带。

（15）**危险点：**TA 开路、TV 短路导致人身触电或设备损坏。**预控措施：**在带电的 TA 二次回路上进行工作，应在端子排上短接 TA 二次回路，短接应牢固、可靠，使用合格的短路线，禁止使用缠绕的方式进行短接。工作结束后，应在开关端子箱 TA 回路端子排测量 TA 回路电阻，检查外附零序 TA 接地线连接片应正确。TV 二次做好绝缘隔离措施。拆动 TA、TV 回路应做好记录。恢复后应检查质量，防止回路虚接。

（16）**危险点：**二次电压回路加压，反充一次侧导致人身触电。**预控措施：**对交流二次电压回路加压时，除应在保护屏内划开电压端子排中间连接片，并用绝缘胶布包好外，还应在电压互感器端子箱内断开电压互感器二次空气开关，防止反充电。

（17）**危险点**：传动开关造成人身伤害。**预控措施**：开关传动或防跳试验前通知开关上的工作人员停止工作，开关场处派专人监护。

（18）**危险点**：在运行的高频通道上进行工作造成触电。**预控措施**：在运行的高频通道上进行工作时，为了防止人身触电，应将耦合电容器低压侧可靠接地。

（19）**危险点**：拆除结合滤波器导致线路连接片失去末屏接地。**预控措施**：对于线路电压互感器通过结合滤波器接地的情况，在拆除结合滤波器后应将线路电压互感器另行接地。

（20）**危险点**：在闸刀机构箱内改接线误动闸刀。**预控措施**：取下闸刀操作电源熔丝或断开操作电源开关，任何人不得随意解锁闸刀防误装置。

（21）**危险点**：误整定值。**预控措施**：整定需依据正式下发的整定通知单进行，整定前先核对整定通知单是否与现场实际相符（包括主接线，主变压器接线组别，各类互感器的接线、变比，软件版本号，额定电流、电压等），整定时要将所有定值区整定完整，防止遗漏。整定结束后，重启装置，将所有定值打印出来与整定通知单进行核对。

（22）**危险点**：二次安全措施未恢复。**预控措施**：工作结束前，应对照二次工作安全措施票再次检查所作安全措施是否已完全恢复，设备状态是否恢复至初始状态。

（三）自动化系统检修作业

自动化系统检修作业包括测控装置校验、后台自动化配合、远动机配置、“三遥”试验等常见内容。

（1）**危险点**：遥控试验传动开关、闸刀误伤作业人员。**预控措施**：传动开关、闸刀时应得到一次工作负责人的同意并安排二次人员值守，确保设备上无人工作时方可传动。

（2）**危险点**：数据点定义错、遥控误动、误传运行设备危及电网和人身安全。**预控措施**：在后台监控或远动机服务器上对数据库定义进行修改时应仔细核对数据库相关定义，涉及遥控信息修改的工作，尽量进行遥控传动试验，遥控前，工作负责人向运行人员申请全站运行设备切换至就地位置，由运行人员负责将全站运行设备切换至就地位置。遥控时，由两人进行，并严格履行监护复诵制度。遥控结束后，应及时将全站运行设备切换回远方位置。

（3）**危险点**：远动机数据库重装，导致调度数据异常、遥控异常。**预控措施**：工作前应电话通知自动化运维班；使用最新的数据库备份导入重装，也可利用正常的远动库导入，注意修改相关的IP地址，系统参数；根据信息表核对重装数据库的三遥转发表；重新联网后应与主站核对遥信、遥测的正确性。

（4）**危险点**：违规外联导致网安告警。**预控措施**：加强厂家教育，强调未经允许不得使用自带U盘或计算机接入变电站设备，如确有必要使用非国网U盘或计算机，需先电话联系省调网安和地调网安悬挂网安检修牌。

（5）**危险点**：站控层交换机维护或消缺导致网络中断或告警。**预控措施**：工作前应告知自动化运维班网关设备挂检修牌；工作前备份站控层交换机镜像、SNMP 协议等配置；工作时需要登录交换机时，应确定 IP，避免登录错误而误修改其他交换机配置；更换交换机时，应对网线做标记，尤其是镜像口，避免更换后插错网口。

（6）**危险点**：测控装置加量导致数据跳变。**预控措施**：测控装置加量前电话联系省调自动化和地调自动化封锁数据，工作结束后申请解封。

（7）**危险点**：重启远动机导致监控中心失去现场监控。**预控措施**：重启远动机需提前提交申请单，重启前电话联系省调自动化和地调自动化，重启远动机每次只能重启一台，重启完一台方可重启第二台，重启前应仔细核对装置 IP 地址，防止误重启，工作结束后需终结申请单。

（8）**危险点**：设计五防或顺控逻辑修改时，影响运行间隔正常操作。**预控措施**：修改五防或顺控逻辑时，五防逻辑或顺控逻辑应经审查完整后方可实施，不得随意变动运行间隔逻辑；改扩建涉及修改的联闭锁逻辑应经过模拟验证；未实际验证的顺控操作票应告知运行人员，并做好相应的警示标注。

（9）**危险点**：监控后台修改数据库或画面导致相关数据无法恢复。**预控措施**：监控后台修改前做好数据库、画面等参数备份；参数修改后应检查双机同步正确。

（10）**危险点**：不间断电源回路检修、消缺时，输出电源设备可能失去电源。**预控措施**：根据图纸输出接线，确认影响范围，对不符合供电原则的设备，工作前应调整回路接线，切断对应输出电源后，应确认调度数据网另一平面设备均运行正常。

（11）危险点：间隔交换机检修引起整站数据中断。预控措施：站内各间隔层交换机应单独设置电源空气开关且无相互间的联系；应检修一台交换机并确认业务正常在检修另一台，防止 AB 网同时中断。

（12）危险点：非运维人员登录后台违规操作。预控措施：核查监控主机用户及权限是否符合要求（无超级用户，检修账号均由检修统一管理）。

（13）危险点：改扩建设备参数修改时，误修改运行设备参数。预控措施：工作前，做好数据库、画面等运行参数备份，明确站内设备运行情况；参数修改后应针对非工作范围开展核查，包括画面、遥控编码等；工作结束应进行双机同步确认。

（四）直流系统检修作业

（1）**危险点**：直流设备操作时误操作；跑错间隔误动其他运行设备。**预控措施**：操作前认真核对图纸、接线及直流空气开关命名，严防误拉运行空气开关，操作时应由两人进行并履行监护复诵制度。

（2）**危险点**：直流系统电源接线错误；直流系统电源短路。**预控措施**：直流系统电源接线工作应两人进行配合，一人拉合直流空气开关，一人用万用表监视端子排电压，确保直流空气开关与端子排做到一一对应，正负极极性正确；直流空气开关送电前，应测量正负极对地绝缘和相间绝缘，防止发生直流系统短路或接地，环路负荷合上开关前必须核对极性、电压。

（3）**危险点**：直流回路上工作，电源未断开造成人身触电。**预控措施**：在直流回路上工作，应将操作电源、信号电源、装置电源等各方面电源断开，并且验电。

（4）**危险点**：蓄电池放电时引起人员误碰电炉。**预控措施**：做好临时安全围栏；电炉外壳绝缘良好，无接地、短路现象；不得带电接、拆放电电器。

五、变电运维作业危险点分析与预控措施

变电运维作业分为倒闸操作和设备巡视，常见危险点包括误操作、误碰、误登带电设备等。

（一）倒闸操作作业

（1）**危险点**：发令、接令用语不规范或不清楚，导致接收错误的操作令。**预控措施**：接令、发令应使用规范的术语，应做好通话记录工作并全过程录音；接令方在接令后应完整的复诵操作令，双方确认无误后在操作票上记录发令人和时间，对操作令有疑义时应立即提出。

（2）**危险点**：操作票填写错误。**预控措施**：由操作人填写操作票，操作票的填写应根据操作内容，参照经审核后的变电站典型操作票编制，填写完毕后由监护人逐项审核无误并在模拟盘上进行核对性模拟预演。

（3）**危险点**：跳项操作造成漏操作或操作错误。**预控措施**：严格按照操作票的顺序逐项进行操作，每操作完一项由监护人在操作票上打钩，全部操作完毕后再次核对有无漏项。

（4）**危险点**：走错间隔。**预控措施**：操作前，仔细核对设备名称和编号是否与操作票一致，执行监护人和操作人双确认；监护人不动口，操作人不动手。

（5）**危险点**：误操作。**预控措施**：倒闸操作必须由两人进行，操作过程中严格履行监护复诵制度，监护人手持操作票逐项发令，操作人复诵无误后执行。操作中严格按照票面顺序逐项操作，每操作完一项均应进行“四对照”无误后在操作票上打勾，不得事后补打，一个倒闸操作任务应由同一组操作人监护人完成，中途不得换人。禁止使用万能钥匙随意解锁防误闭锁装置或暴力破坏防误闭锁装置。大型、重要操作站领导、值长或技术负责人应参与监护。

（6）**危险点**：手动拉合闸刀方法不当导致闸刀脱落、掉下伤人。**预控措施**：操作时戴好安全帽；拉合闸刀要掌握正确操作方法，操作时注意观察，不要用力过猛，注意轻重缓急。

（7）**危险点**：操作感应电伤人。**预控措施**：进行开关闸刀拉合操作时，操作人员必须穿绝缘靴、戴绝缘手套。雨天室外操作，应使用带防雨罩的操作杆；雷电、大风、大雨时禁止操作；装拆高压熔断器时，应戴护目镜，站在绝缘垫上，必要时使用绝缘夹钳。

（8）**危险点**：带电拉合、装拆地刀地线。**预控措施**：拉合地刀地线前必须使用验电器验明无电方可进行；装地线时，先装接地端，后装导体端。拆地线时先拆导体端，后拆接地端，接地端禁止使用缠绕方式接地。

（9）**危险点**：电弧灼伤。**预控措施**：操作时，操作人、监护人应选择合适的站位；操作时，操作人的身体应躲开刀闸和把手活动范围。

（10）**危险点**：标示牌和围栏装设不规范或错误。**预控措施**：严格按操作票项目装设标示牌，标示牌应装设齐全，文字部分醒目；室内高压设备停电工作，应在工作地点两旁和对面间隔装设围栏，围栏上悬挂“止步，高压危险”标志牌；在室外高压设备上工作，应在工作地点四周装设围栏，围栏上悬挂“止步，高压危险”标示牌，标示牌文字朝内。

（11）**危险点**：地线未装设良好。**预控措施**：加强接地线及接地桩头管理，装设时必须拧紧。

（12）**危险点**：误投切保护连接片。**预控措施**：加强监护，核对连接片名称及编号；操作完毕后要进行复查。

（二）设备巡视作业

（1）**危险点**：误碰、误动、误登运行设备，误入带电间隔。**预控措施**：巡视人员应按照既定的巡视路线进行，禁止擅自跨越或移开遮拦围栏，在进入设备室、打开端子箱、机构箱、屏柜门时不得进行其他工作（严禁进行电气工作）。

（2）**危险点**：巡视高压设备时，安全距离不足导致触电。**预控措施**：巡视高压设备时，人体与带电导体的安全距离应大于变电《国家电网公司电力安全工作规程》规定值，防止误接近高压设备而引起触电事故发生。

（3）**危险点**：发生接地故障时，巡视人员误入产生跨步电压。**预控措施**：高压设备发生接地时，室内不得接近故障点 4m 以内，室外不得靠近故障点 8m 以内，进入上述范围人员应穿绝缘靴，接触设备的外壳和构架时，应戴绝缘手套。

（4）**危险点**：进入户内 SF_6 设备室或蓄电池室，巡视人员窒息或中毒。**预控措施**：进入户内 SF_6 设备室巡视时，必须先开抽风机通风 15min，进入蓄电池室巡视时必须先开抽风机通风 3min，并尽量避免单人巡视。当 SF_6 泄漏仪指示 SF_6 超标时，应开启排风机进行排风，同时未佩戴防毒面具或正压式空气呼吸器人员禁止入内。

（5）**危险点**：登高检查设备，如登上开关机构平台检查设备时，感应电造成人员失去平衡，造成人员碰伤、摔伤。**预控措施**：登高巡视时应注意力集中，使用安全带，登上开关机构平台检查设备、接触设备的外壳和构架时，应做好感应电防护。

（6）**危险点**：高空落物伤人。**预控措施**：进入设备区应正确佩戴安全帽。

（7）**危险点**：小动物进入，造成事故。**预控措施**：进出高压室、打开端子箱、机构箱、汇控柜、智能柜、保护屏等设备箱（柜、屏）门后应随手将门关闭锁好。

六、风险评估案例

某供电公司 220kV××变电站计划于 2021 年 3 月 1～12 日期间开展 220kV 正母综合检修，××变电站 220kV 部分一次接线如图 4–1 所示。

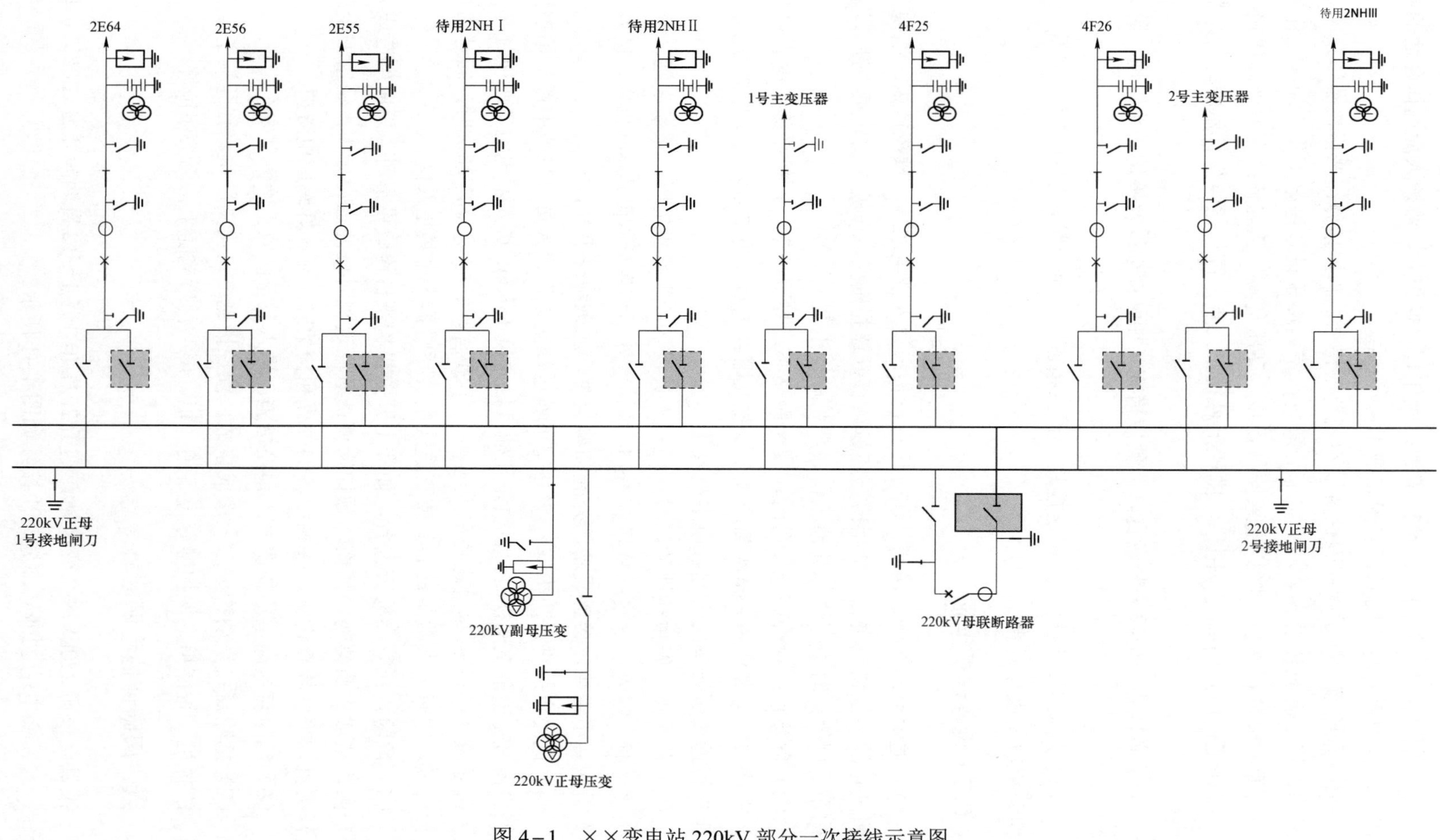

图 4－1　××变电站 220kV 部分一次接线示意图

220kV××变电站本次综合检修安排开展 220kV 正母线及正母电压互感器、220kV 母联开关、待用 2NHⅠ线、待用 2NHⅡ线、待用 2NHⅢ线、1 号主变压器及三侧断路器、2E55 线、4F25 线、2 号主变压器及三侧断路器、4F26 线、2E56 线、2E64 线共 12 个间隔的 C 级检修、间隔小修、二次校验及维护工作，同步开展相关设备大修、消缺、隐患治理、反措及精益化评价整改等工作。

为确保检修过程安全处于可控、在控状态，在对检修现场进行了详尽的踏勘后，××公司结合本次作业内容进行了具体作业的危险点辨识及控制措施的制定，形成了如下风险评估报告。

220kV××变电站正母综合检修风险评估报告

<table>
<tr><td>工作内容及时间</td><td colspan="3">工作内容：220kV××变电站正母综合检修
工作时间：2021 年 3 月 1～12 日</td></tr>
<tr><td>变电站</td><td>××变电站</td><td>评估时间</td><td>2021 年 1 月 13 日</td></tr>
<tr><td>作业风险等级</td><td colspan="3">四级</td></tr>
<tr><td>主要风险作业</td><td colspan="3">1. 误入间隔，误碰相邻带电设备。
2. 高处作业坠落。
3. 临近带电体作业时感应触电伤人。
4. 低压触电，反送电伤人。
5. 高压试验发生人员伤害、设备损坏事故。
6. 登高车、吊机使用不规范。
7. 交叉作业。
8. 工器具误碰导电部位。
9. SF_6 密度继电器校验、SF_6 气体微水试验后逆止阀未正确复归导致漏气。
10. 电流互感器、电压互感器末屏接线未恢复风险。
11. 人员安排不当导致拆、接线错误或接线松动。
12. 机械伤人。
13. 保护测控加电压造成电压互感器二次反充电，造成人身伤害。
14. 遥信遥测未封锁或封锁后未及时解封，影响状态评估。
15. 二次回路与运行设备回路隔离不到位，造成误出口。
16. 运行方式变化，造成安全措施不符。
17. 直流短路或接地，误送电。
18. 未办理手续，安全措施擅自变更，造成安全事故。
19. 电流互感器末屏引下接地不良、双接地风险</td></tr>
<tr><td>控制策略</td><td colspan="3">1. 工作前先仔细检查安全措施是否到位。工作负责人现场交代安全措施和工作内容，邻近的带电设备。开工前做好班前、班后会，认真交代工作任务，明确各人员职责和分工。合理安排工作，减少交叉作业。控制施工速度，对任何疑义及时沟通解决，不留隐患。
2. 高处作业坠落风险控制策略。
（1） 工作现场应正确佩戴安全帽。
（2） 高处作业人员须持证上岗。
（3） 应使用合格的梯子，梯子应坚固完整，有防滑措施，使用单梯工作时，梯子与地面的斜角度约为 60°。梯子不宜绑接使用。人字梯应有限制开度的措施。人在梯子上时，禁止移动梯子。
（4） 正确使用安全带，严禁低挂高用。
3. 临近带电体作业时感应触电伤人控制策略。
（1） 工作地点：220kV 正母线及正母电压互感器间隔、220kV 母联断路器、待用 2NH Ⅰ、待用 2NH Ⅱ、待用 2NH Ⅲ断路器及线路间隔，220kV 母联断路器、待用 2NH Ⅰ、待用 2NH Ⅱ、待用 2NH Ⅲ正母闸刀。
1）来电侧闸刀：220kV 母联断路器、待用 2NH Ⅰ、待用 2NH Ⅱ、待用 2NH Ⅲ副母闸刀。1 号主变压器 220kV、2 号主变压器 220kV、2P55、4Q25、2P64、4Q26、2P56 正母闸刀。
2）相邻运行间隔：220kV 副母线、1 号主变压器 220kV 断路器间隔、2 号主变压器 220kV 断路器间隔、2P55 断路器及线路间隔、4Q25 断路器及线路间隔、4Q26 断路器及线路间隔。
3）相邻运行的母线、引线：220kV 副母线。</td></tr>
</table>

续表

<table>
<tr><td>控制策略</td><td>（2）工作地点：1 号主变压器及三侧断路器间隔、1 号主变压器 220kV 正母闸刀、2P55 断路器及线路间隔、2P55 正母闸刀、4Q25 断路器及线路间隔、4Q25 正母闸刀。
1）来电侧闸刀：1 号主变压器 220kV、2P55、4Q25 副母闸刀。2 号主变压器 220kV、220kV 母联断路器、待用 2NH Ⅰ、待用 2NH Ⅱ、待用 2NH Ⅲ、2P64、4Q26、2P56 正母闸刀。
2）相邻运行间隔：2P56 断路器及线路间隔、220kV 副母线。
3）相邻运行的母线、引线：220kV 副母线。
（3）工作地点：2 号主变压器及三侧断路器间隔、2 号主变压器 220kV 正母闸刀、4Q26 断路器及线路间隔、4Q26 正母闸刀、2P56 断路器及线路间隔、2P56 正母闸刀、2P64 断路器及线路间隔、2P64 正母闸刀。
1）来电侧闸刀：2 号主变压器 220kV、2P56、4Q26、2P64 副母闸刀。1 号主变压器 220kV、220kV 母联断路器、待用 2NH Ⅰ、待用 2NH Ⅱ、待用 2NH Ⅲ、2P55、4Q25 正母闸刀。
2）相邻运行间隔：2P55 断路器及线路间隔、220kV 副母线。
3）相邻运行的母线、引线：220kV 副母线。
4）工作中注意与运行设备保持足够安全距离：人身：220kV≥3m；吊机、升降车：220kV≥6m。检修间隔周围带电部分应设置明显提示；若检修过程中需拆除搭头或者拉开接地闸刀，应确认是否需加装接地线，避免应失去接地保护造成感应电伤人；拆除工作接地线前应合上接地闸刀。在开展避雷器直流泄漏电流试验后，需对相邻的大电容设备，如 CVT、耦合电容器等进行充分放电，防止残余电荷伤人。
4. 低压触电，仅送电伤人风险控制策略。
（1）低压回路上工作前，应切断来电侧电源并确认无压。
（2）现场电动工器具、试验仪器等应接入带漏电保护装置的电源。工作设备应可靠接地，工作中严禁失去接地保护。
（3）加强对试验电源、检修电源的管理和监护。检修电源设置符合规范，电源线必须绝缘良好，布线应整齐，检修人员应将电源线可靠搭接后关闭检修箱门，电源线严禁直接挂在刀闸上。检修电源接入应两人进行，检查确认无误后方可送电。
（4）断开电压互感器低压空气开关，并在电压互感器低压回路断开点放置“禁止合闸，有人工作”标示牌，机构箱等二次回路检查工作前需断开相关二次电源。
5. 高压试验发生人员伤害、设备损坏事故风险控制策略。
（1）试验工作必须征得检修工作负责人同意，检修人员撤离试验设备区域。试验现场应装设遮拦或围栏，并与试验设备高压部分应有足够的安全距离，向外悬挂“止步，高压危险”的标示牌，并派专人看守。高压试验工作不得少于两人，试验前应取得试验负责人许可，方可加压；加压过程中应有人监护并大声呼唱。
（2）试验时，人员与带电设备保持规定的安全距离。试验每一阶段结束或者更改试验接线时，首先对被试品、高压部分进行充分放电并接地后再进行。大电容设备开展试验前后均需首尾端对地多次充分放电并接地。试验全过程做好安全监督工作，发现异常情况立即切断试验电源。
（3）电压互感器开展试验时检查确保二次回路空气开关已断开，防止二次反送电。
6. 登高车、吊机使用不规范风险控制策略。
（1）登高车、吊机等设备进出检修现场应有人引导。
（2）登高车、吊机应置于平坦、坚实的地面上。不准在电缆沟、地下管线上面作业，不能避免时，应采取防护措施。登高车、吊机、升高平台现场使用时应将支腿完全打开，支腿支撑牢靠。
（3）登高车、吊机、升高平台应可靠接地，与带电设备应保持足够的安全距离。施工时要注意人身、设备、机械、材料等与带电运行设备的安全距离，人身：220kV 安全距离为 3m；机械：220kV 安全距离为 6m。
（4）高空作业正确系好合格的安全带，直臂车车斗操作人员必须系好安全带，禁止站在工作斗的围栏上工作和将安装在工作斗进口处的栏杆移到最高处并固定在工作斗上来使用。工作斗严禁超载，作业时车辆不得熄火，主车驾驶员不能离开现场，负责车辆支腿和地面安全监护。登高车、吊机、升高平台臂下严禁无关人员行走或停留。
（5）在六级及以上的大风及雨、雪等恶劣天气下，应停止露天高处作业。
7. 工作中涉及多班组多个检修工种配合的，各工作负责人或各工种应联系好后方可工作。高压试验应在其他人员全部撤离设备并得到工作负责人许可后方可开始；试验结束后，结果告知工作负责人、监管人等相关人员；二次传动试验时，必须加强联系和监护，试验前应告知一次工作负责人，并派人到现场监护，确保一次设备上无人工作后方可传动。
8. 应使用带绝缘护套的合格工器具。使用前应检查工器具绝缘良好，无破损，防止误碰带电端子，造成人员触电伤害。
9. SF_6 密度继电器校验、SF_6 气体微水试验后逆止阀未正确复归导致漏气风险控制策略。
（1）SF_6 密度继电器检验工作完成后需使用 SF_6 定性检漏仪对表计阀门处进行检漏，确认逆止阀可靠复归。
（2）SF_6 微水检测工作完成后需使用 SF_6 定性检漏仪对取气阀门处进行检漏，确认逆止阀可靠复归。</td></tr>
</table>

续表

控制策略	10. 电流互感器、电压互感器末屏接线未恢复风险控制策略。 （1）电流互感器末屏、电压互感器末端接线恢复时应充分放电，防止残余电荷伤人。 （2）拆除的电流互感器末屏、电压互感器末端接线应标识清晰，拍照留底，按标识记录逐一恢复并进行回路测量，确保可靠接地，同时做好断复引记录。 11. 电流互感器、电压互感器二次接线等电流、电压回路接线紧固，工作需由二次检修人员进行。拆除的二次接线应标识清晰，拍照留底，并按标识记录逐一恢复。 12. 机构伤人风险控制策略。 （1）开关机构检修，开关试验传感器安装、更改试验接线前，应断开开关控制电源、储能电源，并完全释放预存能量，防止机械动作伤人。 （2）隔离开关检修时应将电机操作电源拉开。 13. 二次加压前确认相关电压互感器端子箱内电压空气开关已断开并做好电压回路隔离。 14. 遥信遥测试验前需与调度自动化联系封锁相关信号，工作结束后及时汇报解封。 15. 传动前检查与运行设备相关出口连接片已取下，并用绝缘胶布封住，拆除出口连接片对应的端子接线并做好标记。 16. 每日开工前确认运行方式是否变化，检查安全措施是否满足运行方式变化的要求。 17. 工作中加强安全监护，严禁发生直流电源二次回路短路或接地。送电前要事先通知工作人员，双方交底清晰后方能送电，防止误送电、误伤人事故。 18. 任何一方不得变更安全措施，如有特殊情况应先取得对方同意；如属拆除接地线或拉开接地闸刀方能工作，应征得运行人员许可，必要时征得调度员同意；工作完毕，恢复原来状态。 19. 电流互感器末屏引下应做好安全管控，确保末屏一点接地、可靠接地
评估人	蔡×、费×
备注	

第四节 倒闸操作安全管控

倒闸操作制度是防止运检人员倒闸误操作的有效措施，是电力系统变电安全管控工作的一项重要内容。倒闸操作制度明确了倒闸操作的六要、七禁、八步、一流程，提出倒闸操作细则和操作工器具使用要求，有利于运行值班人员正确、规范、有效地填写和执行操作票，为指导、规范操作票的使用提供了依据。

一、倒闸操作安全隐患分析与预控

（一）倒闸操作安全隐患

1. 作业行为违章

（1）倒闸操作人员不遵守安规、调规、运规。

（2）倒闸操作人员在没有收到当值的调控人员、运维负责人发布的正式指令即开始操作的行为。

（3）填写操作票错误。

（4）倒闸操作人员不按照已经拟好测操作票顺序操作，所打印的操作票填写不正确。

（5）人员误操作，包括：

1）误分、误合断路器；

2）带负荷拉、合刀闸或开关小车；

3）带电装装设接地线或者合上接地刀闸；

4）接地线未拆除就开始合断路器或者隔离开关；

5）误入带电间隔；

6）非同期并列；

7）未认真核对命名和检查设备，误投连接片、误切定值，误拉装置空气开关等。

（6）运检人员操作过程中，因突发事件导致操作发生中断，故障处理结束后继续操作时，操作人员必须对设备命名和设备实际位置重新进行核对，在未现场确认操作设备和操作步骤的情况下就继续操作，一系列的行为容易产生误操作的风险。

（7）操作人员在操作过程中对操作票或操作指令产生疑问，没有马上终止操作，而是自作主张更改操作票和操作指令，在没有履行相关解锁规定的情况下随意解除设备的闭锁装置。

（8）操作人员在倒闸操作过程中没有正确地佩戴安全帽，在现场操作一次设备时没有正确佩戴绝缘手套，在打雷天气操作或者检查接地故障时未穿绝缘靴。

（9）倒闸操作人员在操作过程中失去监护，操作中监护人离开操作现场或者做与监护无关的工作。

（10）倒闸操作过程没有对现场一次设备的实际位置进行仔细检查，操作后没有前往现场确认一次设备已经操作到位就继续操作下一步。

2. 管理性违章

（1）操作票没有及时修订并履行相关的审批手续，导致典型操作票与现场设备运行方式不符。

（2）运维班操作完的操作票没有执行按月装订且未及时进行三级审核。操作票在没有保存到 1 年就丢失或者损毁。

（3）现场工作中运检管理人员存在违章指挥和强令冒险作业的行为。

（4）对大型的重要、复杂的倒闸操作，没有按照实际需求组织熟练的操作人员进行商讨，班组管理人员安排的操作人员能力不能胜任倒闸操作。

（5）现场没有配备齐全和完备的安全工器具、安全防护装置和安全警示装置。

（6）旁站和监护人员对操作人的违章行为没有及时制止，发现违章未考核。

（7）特种作业人员上岗前必须经过专业的岗前培训并且考试合格才能开展工作。

（8）踏勘前发现的安全隐患没有及时制订整改计划或制定了整改计划但没有认真落实。

3. 设备隐患

（1）断路器停、送电就地操作时存在绝缘子爆炸危害人身的风险。

（2）雷电时就地倒闸操作存在人员遭受雷击风险。

（3）使用不合格的安全工器具。

（4）一次设备无双重命名导致操作误入间隔。

（5）机械设备转动部位无防护罩导致操作过程中伤人的情况。

（6）电气设备外壳未按照要求进行接地，存在感应电伤人。

（7）防误闭锁装置不全或者防误闭锁装置功能失灵，使设备失去防护。

（8）电气设备没有设置安全警示牌或者应该用硬遮拦隔离的装置未设置遮拦。

（二）预控措施

1. 作业行为违章预控措施

（1）设备停役操作时设备由运行改为冷备用的操作应按照以下操作顺序进行：拉开断路器–拉开负荷侧隔离开关–拉开电源侧隔离开关，操作过程任何情况下禁止不按照操作票顺序进行的操作。

设备复役由冷备用改为运行的操作应使用与上述相反的操作步骤。禁止在负荷未切除的情况下进行隔离开关（刀闸）的拉合行为。

（2）在进行现场操作之前，操作人员应先在微机五防装置或者模拟图上做相应的核对性模拟预演，在核对模拟预演正确无误之后才能进行后续操作。现场操作一次设备之前，操作人员应仔细核对现场系统运行方式、设备的双重命名和设备的实际位置。监护人和操作人进行倒闸操作过程中，必须严格遵守倒闸操作的“监护复诵制度”。无论单人操作还是双人操作，操作人员操作过程中必须大声唱票，录音设备在操作的全过程必须保持常开，对操作过程进行记录，以便后续检查的评价。操作顺序必须按照拟好的操作票顺序执行，不能跳步漏步。每执行完一步操作任务，在检查操作情况正确无误后在最后一栏打一个“ √ ”符号，待全部操作完之后还需进行复查评价。

（3）操作过程中操作人必须在监护人监护的情况下开展操作，操作人员不能在监护人未同意的情况下开展倒闸操作。

（4）操作人员在后台或者测控装置上进行一次设备的远方操作时，操作人员应对还在现场开展工作的人员进行提醒，让他们尽快撤离，远离待操作的一次设备，防止操作过程中导致人员伤害。

（5）监护人和操作人在操作的过程中对操作指令有任何疑问时，严禁带着疑问继续操作，必须终止操作并立刻联系发令人并让其解答自己的疑问。恢复操作时，应得到发令人的再次许可。监护人和操作人操作时严禁擅自更改已拟好的操作票，在没有履行解锁手续的情况下严禁擅自闭锁装置。五防装置的解锁钥匙必须放在钥匙管理箱内封存，禁止操作过程中私自使用。操作过程中确实因装置故障需要使用解锁钥匙进行解锁操作时，应履行解锁手续。必须经过运维管理部门防误操作装置专责人或运维管理部门指定并经书面公布的人员到现场核实无误并签字后，由运维人员告知当值调控人员，方能使用解锁工具（钥匙）。某些情况下严禁进行解锁操作，如单人操作、检修人员操作等。若遇到无法解决的问题确实需要进行解锁时，应向现场增派运检人员，由支援人员和现场人员共同履行上述解锁手续后方可使用解锁工具，在使用后应及时封存并做好相关记录。

（6）现场一次设备操作结束后，应认真地检查设备各相实际位置，尽量避免间接检查。若现场一次设备确实无法检查真实位置，可以间接检查设备位置，如通过检查现场设备仪表、遥测、遥信、带电显示装置、机械电气指示、位置指示的变化来判断。对位置进行判断时，现场至少应有两个非同源或者非同样原理的指示同时发生对应变化方可认为一次设备变位正确。检查步骤必须列入操作票中，在执行检查的过程中发现任何的异常行为时，必须立即停止工作，在未查明原因的情况下不准继续操作。在开展遥控操作时，后台操作人员可以通过间接方法或其他可靠的方法确认一次设备的位置。

（7）二次系统进行远方操作时，装置应至少有两个相对应的指示同时发生对应变化才可以认为操作到位。

（8）高压直流站的操作应采用程序操作进行，若操作过程中发生无法进行程序操作的情况，需等运检人员对故障原因查明清楚并汇报当值调度员，得到其许可后才能进行逐步的遥控操作。

（9）使用令克棒对隔离开关（刀闸）、高压熔断器或经传动机构拉合断路器（开关）和隔离开关（刀闸）开展拉合操作时，操作人员应正确戴绝缘手套。下雨天气开展室外高压设备的操作，应在令克棒上安装防雨罩，操作人员应正确地穿上绝缘靴。开关厂的接地网电阻与规章中的要求不符时，即使在晴天也需要穿绝缘靴。在雷电天气时，操作人员禁止开展就地操作。

（10）操作人员在进行高压熔断器的装拆工作时，操作人员需要正确使用护目眼镜和绝缘手套，操作过程中若有必要时应使用绝缘夹钳，并且操作人员要站在绝缘台或绝缘垫上开展操作。

（11）设计时，现场断路器的遮断容量应选型正确，与电网的容量相匹配。假如现场断路器的遮断容量太小，满足不了现场条件，该断路器与操动机构之间应用墙或金属板相隔离，重合闸装置应退出运行，严禁现场操作，使用远控。

（12）一次设备停电或者事故跳闸时，在没有做好安全措施、断开相关隔离开关（刀闸）之前，为了防止设备突然送电伤人，操作人员不得触摸设备或进入遮拦。

（13）单人操作时，不准开展登杆或登高等高处作业。

（14）操作过程中若发生人身触电事故，操作人员不需要等待发令人的许可，可以自行断开相关设备的电源。触电事故解除后，操作人员应及时将现场的相关情况报告调控中心或设备运维管理单位、上级管理部门。

2. 管理违章预控措施

（1）操作票按照规章制度，严格执行修订和审批手续，保证典型操作票与现场设备运行方式相一致。

（2）运检班已执行的操作票必须按月装订成册并严格履行三级审核制度。已经执行完的操作票必须在运检班继续保存 1 年。

（3）管理人员严禁有违章指挥和强令冒险作业的行为，现场的操作人员发现管理人员存在有违章指挥和强令冒险作业的行为时有权拒绝执行。

（4）对大型重要和复杂的倒闸操作，按照实际需求组织操作人员进行讨论，管理人员必须熟悉指派工作人员的技能水平，运维负责人指派的操作人员需能胜任倒闸操作的技能水平。

（5）现场需配备完善的安全工器具、安全防护装置和安全警示装置。

（6）旁站和监护人员对操作人的违章行为必须及时制止并进行相应的考核。

（7）特种作业人员在上岗前必须经过专业的岗前培训合格后方可上岗工作。

（8）踏勘时踏勘人员发现的安全隐患需要及时制订整改计划，并按照整改计划及时落实整改。

3. 设备隐患预控措施

（1）断路器停、送电的操作应该远方进行，严禁就地操作，防止绝缘子或者充油设备发生爆炸导致人身伤亡。

（2）雷电时严禁进行就地倒闸操作，以免人员遭受雷击风险。

（3）倒闸操作过程中使用的安全工器具必须经过相关检测单位检测合格，严禁使用过期未检或者检测不合格的工器具。

（4）一次设备必须粘贴双重命名。

（5）一次设备的机械转动部位必须安装防护罩，防止操作过程中转动部位伤人的情况。

（6）电气设备外壳按照要求进行接地。

（7）现场一次、二次、自动化装置防误闭锁逻辑正确且工作正常，对功能失灵的防误闭锁装置及时更换。

（8）电气设备设置安全警示牌，应用硬遮拦隔离的装置应按规定设置遮拦，防止人员误入。

二、倒闸操作执行规范安全管控

（一）倒闸操作的准备

1. 角色分工

（1）操作准备阶段应明确人员分工，并指定操作人和监护人，操作人和监护人必须取得相关资质，严禁发生无资质人员开展倒闸操作的行为。

（2）操作过程中监护人必须对设备运行状况较为熟悉。进行重大及很复杂的倒闸操作时操作人员应由对设备较为熟练的运维人员来担任，监护人由运维负责人来担任。

2. 人员管控

（1）人员着装：操作人、监护人均应穿长袖纯棉的工作服，领口、袖口必须系好，必须穿合格的绝缘鞋进行操作。

（2）精神状态：监护人和操作人在操作前需要相互检查各自的精神状态，以良好的情绪开展操作，若发现有谁存在不适于操作的情况应及时汇报运维负责人，申请更换。

3. 安全工器具准备

监护人、操作人操作前需要共同检查操作所用的安全工器具、操作工具状况正常，外观没有破损。检查的安全工器具和操作工具包括验电器、录音笔、绝缘靴、照明设备、防误装置电脑钥匙、绝缘手套、接地线、绝缘拉杆（绝缘棒）、安全帽、对讲机等。

（1）安全工器具检查。

1）安全帽：试验日期合格，外观良好，顶衬完好。

2）验电器：试验日期合格，电压等级正确，声光正常、拉伸正常、表面清洁、无脏污。

3）绝缘手套：试验日期合格，无破损、无漏气、无脏污、表面清洁。

4）绝缘靴：试验日期合格，无破损、无脏污、表面清洁。

5）接地线：试验日期合格，电压等级正确，各部位螺钉正常，导线无散股、断股、裸露、各接头连接可靠。

6）绝缘拉杆（绝缘棒）：试验日期合格，电压等级正确，编号匹配，表面无脏污、无破损、接头无松动。

（2）操作工器具检查。

1）录音笔：电量、内存充足，开启录音功能正常。

2）操作把手：操作把手与刀闸匹配，正常可用。

3）活动扳手：护套完整、转动灵活。

4）箱体钥匙：齐备、完好、可用。

5）头灯：电量充足，固定伸缩带正常，完好可用。

6）防爆灯：电量充足，完好可用。

7）雨衣：外观清洁、无破损、正常可用。

4. 倒闸操作技术措施

（1）操作人员按照调控下发的预令，明确停电范围和操作任务，操作人和监护人相互之间分工明确。

（2）操作票严格执行典票上的操作顺序，在操作票上明确应拉合的地刀或者应装设地线部位、编号或者应装设的遮拦、标示牌。

（3）操作人员拟票过程中需要考虑二次自动装置会发生的变化。操作票中应考虑交、直流电源拉开后，电压互感器二次侧反送电的防止措施。

5. 危险点分析与预控

（1）在操作准备阶段，操作人和监护人需充分地分析操作过程中可能会出现的危险点并预先采取相应的控制措施。

（2）危险点分析应根据不同操作任务、电网方式、设备状况等重点考虑人身、电网、设备风险三个方面。

1）倒闸操作过程中可能发生的人身风险主要集中在以下几个方面：

a. 人身触电；

b. 误入带电间隔；

c. 设备故障高坠伤人；

d. 不按要求使用安全工器具；

e. 其他可造成人身风险的危险点。

2）倒闸操作过程中可能发生的电网风险主要集中在以下几个方面：

a. 非同期并列；

d. 系统解列；

c. 其他可造成电网风险的危险点。

3）倒闸操作过程中可能发生的设备风险主要集中在以下几个方面：

a. 操作过程中操作人员发生误分、误合断路器的行为；

b. 操作过程中操作人员发生带负荷拉、合闸刀，带负荷操作隔离小车的进出；

c. 操作过程中操作人员发生带电挂（合）接地线（接地刀闸）的行为；

d. 操作过程中操作人员发生接地线未拆除就开始合断路器、隔离开关的操作；

e. 其他可能造成设备风险的危险点。

（3）操作开始前应进行危险点和预控措施交代，确保操作人、监护人明确操作过程中的危险点和预控措施。

6. 五防装置的检查

（1）变电站内的所有高压电气设备均应经过逻辑功能正确、完善的防误操作装置闭锁。投入运行的五防闭锁装置必须要处于良好的状态，防误装置中当前系统的运行方式必须与现场一次设备的实际运行方式相一致。

（2）操作过程中防误操作闭锁装置必须均已投入运行，若操作过程中发生装置故障或其他需要解锁防误操作闭锁装置的情况时，操作人员必须履行相应手续，在操作结束或者装置恢复正常时操作人员应尽快按相关程序将防误装置投入运行[4]。

（二）操作票填写

1. 填写原则

（1）倒闸操作票应由拟票人根据值班调控人员或运维负责人预先下发的指令进行填写，操作内容应与操作指令一致。

（2）倒闸操作票中的倒闸操作的执行顺序应严格按照现场运行方式、操作任务进行填写。操作票拟写时拟票人应严格参照本站典型操作票内容，不能跳步、漏步。

（3）一张操作票中拟票人只能填写一个操作任务。

2. 填写要求

（1）应使用蓝色或者黑色的钢、水笔、圆珠笔对操作票进行逐项填写。用 PMS 系统打印出来的电子票与手写票的票面也应保持一致；操作票的票面应保持整洁干净，不得随便对操作票进行涂改，若需要修改操作票时应使用专用的符号。操作票中应将操作的一次设备的双重名称列入其中。操作人填写完操作票，应会同监护人在一次模拟图或者一次接线图上进行核对性模拟预演，应根据结果验证操作票上所填写的操作项目的正确性。核对正确无误后，操作人和监护人应分别在操作票上签名，最后将操作票交由运维负责人（检修人员操作时交由工作负责人）进行审核并且签名。

（2）以下操作项目应填入操作票内：

1）应拉合的一次设备包括断路器、隔离开关、接地刀闸等设备，对一次设备开展验电，接地线的装设和拆除工作，控制回路或电压互感器二次空气开关或者熔断器的投退等相关操作，对保护、自动化装置的切换或者测量连接片两端的电压等操作。

2）对已经操作过的断路器、隔离开关、接地刀闸等设备的实际位置的检查。

3）在对设备进行停电或者送电过程中，在操作隔离开关、断路器手车前，操作人员应现场检查断路器机械指示确在分闸位置。

4）对系统进行解列、并列或者倒排操作时，操作人员应在后台检查负荷分配情况和电源运行情况。

5）设备检修工作结束后，验收人员应检查现场工作范围内的地线和地刀的状态是否和许可前一致。在设备复役恢复送电前，监护人和操作人需再次检查现场检查送电范围内所有的接地设备均已拆除，送电范围内不存在接地点。

3. 操作票审核

（1）在拟票人拟写好操作票之后，操作前，操作人和监护人应再次对操作票的正确性进行审核，大型、重要的倒闸操作票应经班组专业工程师或者班组长进行审核正确，操作指令与操作内容一致，符合现场设备状态，操作结果能达到调度的操作目的。

（2）操作人和监护人应审核操作票无漏项、操作步骤正确、操作内容正确，填写符合《国家电网公司变电运维管理规定》《国家电网公司电力安全工作规程（变电部分）》的要求。

（三）接令阶段

1. 联系调度

（1）监护人在联系调度下达操作任务时，应使用录音电话，操作人在一旁监听。

（2）接受调控指令的人员应由上级单位批准并公示名单。在接令过程中，发令人与受令人应相互告知对方自己的单位及姓名，接令人应首先告诉对方自己的身份，如“某变电站，正值某某”。

2. 接受正式调度操作命令

（1）接令人在接令时需听清发令人的名字，记录发令时间和操作指令，重点关注操作任务、设备双重命名、操作任务是否立即执行等注意事项。

（2）接令时接令人应随听随记，将操作指令填写在“变电运维工作日志”中。

3. 受令复诵

（1）发令人发令完毕，接令人应声音洪亮地复诵一遍操作命令，复诵时应口齿清楚。

（2）发令人在收到接令人的复诵，在确认无误后方可许可操作。发令人答复应包括发令时间、发令人和受令人的姓名、操作任务、操作指令是否立即执行这部分内容。

（3）接令人在复诵操作指令时必须使用专业的调度术语。

4. 确认操作任务

（1）监护人和操作人共同核对操作任务，发现注意事项应及时相互告知提醒。

（2）接令人在核对操作任务时，对操作目的和指令存在疑问时，接令人应及时和发令人沟通并问清楚状况。在没有得到当值调度员确认操作指令正确时操作人员不可擅自开展倒闸操作。

（四）模拟预演阶段

（1）操作人和监护人共同核对调度指令，并根据调控指令核对操作设备名称、编号及设备的具体位置，还需仔细核对系统运行方式是否满足操作条件，待核对正确后可开始模拟操作。

（2）模拟操作过程中，监护人按操作顺序逐项下令，由操作人复诵操作步骤，在一次模拟图或微机五防装置、监控系统图上进行预演。操作人预演完毕汇报监护人。

（3）监护人和操作人完成模拟操作后，应核对操作后的系统运行方式已达到操作目的和操作指令一致。

（4）操作人和监护人完成倒闸操作后，双方确认操作票执行正确，分别在操作票上手工签名。

（五）倒闸操作过程管控

1. 与监控人员核对状态

现场操作开始前，应汇报监控人员，确保监控人员正确掌握现场系统运行方式和光字信号的变化。监护人在操作票上分别填写发令人、受令人、发令时间和开始操作的时间。

2. 操作前后确认设备地点

（1）操作过程中在转移操作地点时，监护人提前告知操作人下一步操作的地点。操作地点转移过程中，操作人应走在前、监护人跟随在后，操作人走错间隔时监护人应立即指出并更正路线，待到达操作地点后双方应认真核对间隔是否正确。

（2）到达操作位置后操作人指向操作设备大声唱诵“到达××处”，监护人核对位置正确后唱诵“正确”后方可继续开展操作。

3. 操作过程中履行监护复诵制度

（1）操作人和监护人操作过程中严格执行倒闸操作监护复诵制度，监护人根据操作票大声唱诵操作内容，操作人用手指向待操作设备并大声复诵操作内容，监护人核对操作人操作内容正确无误后答复“对、执行”的命令，将操作钥匙交给操作人，操作人拿到监护人给的操作钥匙后应立即进行操作，操作结束后及时将操作钥匙归还给监护人。监护操作时操作人必须严格遵听监护人的指令，禁止进行任何没有经过监护人同意的操作。

（2）操作人使用操作钥匙解锁前，应仔细核对的操作内容与现场锁具名称编号一致后方可开锁，不一致时应立即停止操作，查明原因。

（3）操作过程中监护人应站位合理，能掌握操作人的动作以及被操作设备的状态变化。倒闸操作过程中监护人和操作人应关注设备状态切换过程中位置、表计、指示装置的状态。

4. 设备操作

（1）开关操作（后台遥控）。

1）操作人进入监控机相应设备的分画面进行操作，不准在主接线图上进行开关的分合闸。监护人和操作人核对待操作间隔的状态及开关的双重命名，核对正确后监护人唱诵操作步骤，操作人听到监护人指令后用鼠标指向待操作的设备，大声复诵操作步骤后用鼠标单击遥控指令，输入操作人的密码并请求监护人监护操作。

2）监护人必须在确认所操作的开关间隔正确后，方可输入密码确认操作，并大声唱诵：“对，执行”。进行远方操作时，操作人员必须对滞留在现场的工作人员及时发出提醒信息，让其远离待操作设备，防止操作过程中发生意外事故。

3）操作人进行操作，监护人和操作人共同检查开关分位监控信号指示、设备现场变位正确、电流指示正确、信号上传正确后，方可确认设备操作到位。现场电气设备操作结束后，应认真地检查设备各相实际位置。若现场一次设备确实无法检查真实位置，可以间接检查设备位置，如通过设备仪表及各种遥测、遥信等信号、带电显示装置、机械电气指示、位置指示的变化综合判断。判断时，现场至少应有两个非同源或者非同样原理的指示同时发生对应变化的情况下方可认为一次设备变位正确。检查步骤必须列入操作票中，在执行检查的过程中发现任何的异常行为时，必须立即停止工作，在未查明原因的情况下不准继续操作。在开展遥控操作时，后台操作人员可以通过间接方法或其他可靠的方法确认一次设备的位置。

（2）隔离开关操作。

1）操作人和监护人严禁在没有核对隔离开关的双重命名正确情况下，随意使用电脑钥匙开锁进行操作。在核对操作设备正确后监护人将操作钥匙交给操作人，操作人执行完毕后，需及时将电脑钥匙交还监护人，操作人和监护人共同核对闸刀的状态正确。

2）双母线接线方式，母线隔离开关操作后，还应检查本间隔保护屏、母差屏等对应刀闸位置动作正确。

3）操作人使用令克棒对隔离开关（刀闸）开展拉合操作时必须正确使用缘手套。下雨天气开展室外高压设备的操作，应在令克棒上安装防雨罩，操作人员户外操作时应穿检验合格的绝缘靴。开关厂的接地网电阻与规章中的要求不符时，即使在晴天也需要穿绝缘靴。在雷电天气时，操作人员禁止开展就地操作。

（3）装设接地线（手动合接地刀闸）操作。

1）验电前，监护人指示操作人在指定地点检查验电器完好。

2）验电时，待监护人确认被操作设备正确无误后，操作人可以开始验电。

3）操作人使用验电器对设备进行验电时，应在被操作设备的每一相选择三处进行验电，每一处的间隔需要 10cm 以上。在 3 个部位均验明确无电压后操作人大声唱诵“×相无电”。验电过程中监护人应同时检查验电过程的准确性，确认验电流程正确后唱诵“正确”，操作人可移开验电器进行下一相的验电。

4）接地时，操作人和监护人检查装设接地线位置正确后开始进行接地线挂设。

5）验电结束后操作人员必须立即进行设备的接地操作，接地点必须与验电点相一致。

6）接地刀闸与隔离开关的操作步骤相比，前面增加验电步骤，其余步骤与“刀闸的操作（就地操作）”相同。

（4）保护连接片（空气开关、切换把手）的操作。

1）在投入连接片之前，操作人员应检查保护装置所有的指示灯和面板报文正常，不存在告警信息。

2）操作连接片时，仔细核对连接片的位置和双重命名，监护人确认被操作设备无误后唱诵：“正确、执行”后操作人方可开始操作。

3）操作人操作完毕后唱诵：“已投入（退出）”，监护人检查操作内容并确认正确后，在操作票执行一栏打“ √ ”符号。

4）空气开关、切换把手与保护连接片的操作步骤相类似。

5. 设备的检查

（1）监护人确认检查地点无误后，唱诵：“检查××刀闸三相确在分闸位置”。

（2）监护人和操作人检查正确后，操作人用手指向已操作的设备并唱诵：“××刀闸三相确在分闸位置”。

（3）确认设备已经操作到位后，监护人在操作票执行栏打“ √ ”符号。

6. 全面检查

（1）操作票内的操作内容全部执行完毕后，监护人将计算机钥匙回传。

（2）监护人和操作人共同检查五防机变位正确，后台变位正确，光字、报文信息无异常。

（3）监护人、操作人对操作过程进行复查评价，回顾操作内容有无遗漏，仔细检查所有项目全部执行，实际操作结果与操作任务相符。

（4）所有内容检查完毕无误后，监护人在操作票上填写操作结束时间。

7. 操作票的归档

（1）操作结束后，监护人根据操作情况，按照操作票印章使用规定在操作票加盖相应印章。

（2）操作票印章使用规定：

1）操作票印章包括已执行、未执行、作废、合格、不合格。

2）作废操作票时将“作废”章盖在操作任务栏内右下角。将作废原因在作废操作票备注栏内注明清楚；调度通知作废的操作票应在操作任务栏内右下角加盖“作废”章，并将作废时间、通知作废的调控人员姓名和受令人姓名在备注栏内注明。

3）作废的操作票不止一页，在每页操作任务栏内的右下角均应盖“作废”章。并在首页备注栏内注明作废操作票的作废原因，第二张操作票开始只在备注栏中标明“作废原因同上页”。

4)操作任务执行完毕后，在已执行操作票的最后一步下边一行顶格居左加盖“已执行”章；若操作票中最后一步下面没有空行，应将“已执行”章盖在该操作步骤右侧。

5）在操作票执行过程中因故导致操作中断，应在已操作完的操作步骤下边一行顶格并且居左盖“已执行”章，并将操作中断的原因在下边的备注栏内注明清楚。若此操作票还有几页未执行，未执行的每一页操作任务栏右下角均应加盖“未执行”章。

6）管理人员检查操作票票面正确后在操作票备注栏内的右下角加盖“合格”章并签名；检查操作票有错误时，应在操作票备注栏内的右下角加盖“不合格”章并签名，并在操作票备注栏内将不合格原因说明清楚。

7）操作票不止一页内容时，将评议章盖在最后一页的备注栏右下角。

三、安全事故案例

（一）【案例1】带接地线合隔离开关造成主变压器跳闸事故

1. 事故概况

××××年××月××日13时12分，××供电公司110kV变电站，变电运检人员进行10kVⅠ段母线电压互感器由检修改为运行的操作过程中，在地线没有拆除的情况下错误地合上了隔离开关，导致2号主变压器跳闸、10kV开关柜被烧毁。

2. 事故经过

××月××日操作人古××、监护人刘××在110kV ××变开展10kVⅠ段母线电压互感器由检修改为运行操作时，站内的五防系统发生故障（已报缺陷，暂未恢复正常运行），为了继续开展倒闸操作，运维站负责人陈××口头许可使用解锁钥匙，监护人刘××拿着机械解锁钥匙进行倒闸操作。操作室没有进行顺序操作，10kVⅠ段母线电压互感器上挂设的接地线没有及时拆除。操作人员将电压互感器小车摇进开关柜内，母线发生三相接地。1号主变压器高压侧复合电压闭锁过电流Ⅱ段保护动作，跳开1号主变压器各侧开关，导致10kV母线全部失压，10kVⅠ段母线电压互感器柜及相邻的672开关柜和674开关柜受到严重损坏。

3. 原因分析

（1）倒闸操作人员没有严格执行“两票”制度，态度松懈发生习惯性违章，不按照倒闸操作管理规定逐项进行唱票、复诵，检查设备不认真。操作过程中发生跳步漏步现象，漏拆接地线导致此次事故的发生。

（2）操作过程中监护人员监护不到位，没有严格把关，工作验收后没有清点接地线的数量，操作之前未全面检查现场情况。运维班组没有严格执行接地线管理规定，导致接地线管理混乱。

（3）没有严格管理解锁钥匙，防误闭锁装置失灵需要解锁操作时，不是由工区防误专责到现场进行解锁操作的许可，而是直接通过班组长口头许可的方式解锁操作严重违反了防误解锁管理相关规定。

（4）主变压器低压侧保护据动导致事故范围扩大，造成严重影响。

（二）【案例2】误拉断路器造成线路停电事故

1. 事故概况

××供电公司220kV ××变电站值班员在操作某电容器开关时，误拉某线路开关造

成线路停电事故。

2. 事故经过

××××年××月××日22时左右，××变电站当值值班长马××、副值刘×看了35kVⅠ段电压为37.5kV，35kVⅡ段电压为38kV后，准备拉开381、××2开关，停用35kVⅠ、Ⅱ电容器。马××、刘×拿着紧急解锁钥匙一同走到××2开关控制屏，马××下令拉开××2开关，刘×复诵并核对编号后，用紧急解锁钥匙打开了××2开关控制开关闭锁罩，于22时05分23秒拉开了××2开关。之后，马××去抄日平衡表，让刘×自己拉开381开关，注意不要拉错；381开关和379开关相邻，刘×没有核对开关编号就用紧急解锁钥匙打开了379控制开关闭锁罩，随手拉开了379开关（22时05分34秒，当时379开关的负荷是11.5MW，少送电量13kWh），当发现错误后，刘×于22时05分39秒又合上了379开关（时间只有5s），然后又用紧急解锁钥匙拉开了381开关（22时06分07秒）。220kV ××变电站35kV接线示意图见图4-2。

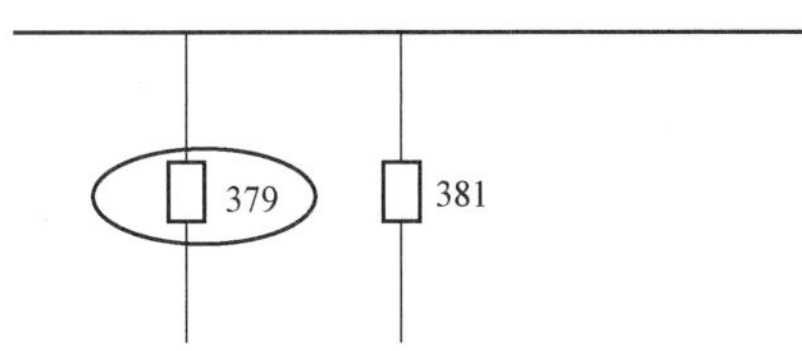

图4-2 220kV ××变电站35kV接线示意图

刘×操作完后，未向马××汇报错拉了379开关。地调和监控中心操作队发现379线路有失电信号即询问××变电站，均被告之无异常状况。有关人员到××变电站进行调查，检查了所有相关保护装置信号均无异常，排除了保护装置和线路存在故障的可能，经过分析认定21日晚上的操作可能有误拉开关的行为，经说服教育后，刘×本人在22日晚承认了他误拉了379线路开关。

3. 原因分析

（1）××月××日晚上投切电容器的操作中，监护人（当值值班长）马××擅自离开监护岗位，没有履行全过程的监护职责，造成副值刘×单人操作电容器381开关时，错拉了379线路开关。

（2）工作人员在正常操作中违反安规关于微机闭锁装置运行管理规定，在未得到许可的情况下擅自使用紧急解锁钥匙。

（3）操作人员在无人监护的操作过程中，没有认真进行核对，便拉开379开关。发现错误后，又未向当值值班长和地调汇报，自作主张地合上379开关。

（4）××变电站安全管理工作存在漏洞，解锁钥匙封存保管不严。

第五节 工作票的许可与终结的安全管控

为加强变电站内安全生产管理，保证所内设备安全稳定运行，运检人员进入电力生产现场，在变电设备及系统上开展检修、试验、维护、改造等工作时，运检人员必须使用工作票。工作票是运检人员进入站内工作的安全凭证，由工作负责人和工作许可人共同持有，双方共同强制遵守的书面安全约定。

一、变电站工作票分类

在变电站内电气设备及相关场所工作，根据工作内容的不同需正确选择工作票的种类，变电站内工作票分为变电站第一种工作票、变电站第二种工作票两类。

变电站第一种工作票一般用于工作中需要将高压设备停电或要做安全措施的情况。

变电站第二种工作票一般在不需要将高压设备停电的场合，工作中人员与带电设备安全距离大于表 4–1 中的数值[5]。

表 4–1　　设备不停电时的安全距离

电压等级（kV）	安全距离（m）	电压等级（kV）	安全距离（m）
10 及以下（13.8）	0.70	750	7.20①
20、35	1.00	1000	8.70
63（66）、110	1.50	±50 及以下	1.50
220	3.00	±500	6.00
330	4.00	±660	8.40
500	5.00	±800	9.30

二、工作票签发

（1）为保证工作能够安全、顺利开展，变电工作票签发人签发一张正确的工作票至关重要。工作票签发人签发工作票时，工作票内所列人员应符合《国家电网公司电力安全工作规程》中规定的基本条件，工作票签发人、工作负责人、工作许可人每年《国家电网公司电力安全工作规程》考试必须合格，人员名单要经单位分管领导书面批准，并且公布报备案件部门。

签发人签发工作票时，对签发内容的安全性和必要性必须了解清楚，所指派的工作负责人能够正确组织工作，工作票所列工作班成员配置应当充足，技能水平能够开展工作。工作负责人应经验丰富，熟悉现场工作内容，能正确、安全组织工作。工作班成员需熟悉工作流程、明确工作中的危险点并遵守各项规章制度、劳动纪律，能够正确地执行现场的安全措施，规范地使用劳动防护用品、安全工器具。

（2）为保证检修工作中所有成员一直处在可控的范围内，在同一时间内工作负责人、工作班成员不得重复出现在不同的工作票上。若因为工作安排，工作负责人确实需要发生变动，必须是在该工作票开工之后、收工之前进行变动，并通知许可人，在工作票上记录变更时间。若还未履行许可手续的工作票改变工作负责人，工作票签发人需要重新签发工作票。

（3）工作票双签发。为加强外来施工单位的安全管控，他们进入变电站工作也必须使用工作票，并且要“双签发”。“双签发”即双方签发人都要在工作票中提现，且各自承担相应的安全责任。外来施工单位工作所用的工作票由其自己填写，工作票签发人一栏体现外来施工单位和设备运行管理单位两个签发人的名字。

1）对于无法使用 PMS 系统签发工作票的外来施工单位，设备运行管理单位填写工作票；外来施工单位向设备运维管理单位提供工作内容相关的依据，双签发时外来单位签发人在工作票签发人一栏手工签名。

2）责任划分方面，外来施工单位签发人对工作票上所列的工作负责人、工作班成员负责；设备运行管理单位签发人对安全措施的正确性、工作的必要性负责。

3）工作票中涉及运行设备的拆、搭接工作，应由设备运行管理单位签发工作票，外包单位不能担任工作负责人，由设备运行管理单位指派满足要求的工作负责人。工作票中对停电的一次设备进行拆、搭接工作，外来施工单位可以指派符合要求的人员担任工作负责人。

三、工作票安全措施

1. 工作票安全措施

工作票签发人在签发工作票时应明确工作中的安全措施，使工作范围在安全措施保护范围内，安全措施包括以下的内容：

（1）应拉开的断路器、闸刀、二次空气开关等。

（2）应装接地线、应合接地开关。填写设备的接地闸刀或者挂设的接地线；工作范围内的接电线和接地闸刀必须全部填写清楚，接地线挂设部位应填写完整的双重命名，接地闸刀双重命名应描述清楚正确。

（3）应设遮拦、应挂标示牌及防止二次回路误碰等措施。将工作地点相邻的设备用安全遮拦隔开，并在工作地点及与设置的遮拦上悬挂提示性的标示牌。二次工作时应当将相邻屏位用安全遮拦隔开并上锁，同屏的运行设备要用红布与检修设备隔开，防止检修人员误碰运行设备导致跳闸。

（4）工作地点保留带电部分和注意事项工作票签发人在工作票签发时应在“安全措施”栏内将需要隔离的电源空气开关填写完整。执行总分工作票，总工作票上所填写的安全措施应包括所有分工作票上所列安全措施。

变电站进行全站停电工作时，应将各个可能来电侧都断开（包括接在母线上的变压器、电压互感器），并拉开闸刀（或取下熔丝），使各方面至少有一个明显的断开点，并在可能来电各侧接地短路。在变电设备检修时，安全遮拦及各种标示牌应严格按《国家电网公司电力安全工作规程》要求使用。在签发第一种时，工作票签发人应对要求悬挂“在此工作”标示牌注明确切地点，而不应笼统填写“在工作处挂‘在此工作’标示牌”。

工作票签发人（工作票负责人）应根据工作现场实际情况及危险因素指定专职安全

监护人，并在工作票中指定专责监护人栏填写地点及具体工作等事项，并由专责监护人签名确认。

2. 补充安全措施

（1）工作许可人在接到工作票后，应仔细核对票中的工作任务以及现场设备实际运行情况，对工作票上所填安全措施认真审核，检查安全措施是否完善并与现场运行条件相一致。运行人员还需要仔细核对工作票中的设备是否填写双重命名，设备名称是否与工作内容相一致，发现不合格的地方应及时退回并告知工作票签发人重新签发。

（2）补充工作地点保留带电部分和安全措施由工作许可人根据现场实际情况进行填写，填写内容包括签发人未体现的相关安全措施和工作现场附近的带电部位和地点，并告知工作负责人，让工作负责人在工作过程中注意存在的危险点并做好现场管控。

（3）为确保人身和设备安全，当变电站一次设备的检修工作涉及二次回路部分所做安全措施（包括投、撤保护连接片等），二次回路部分所做的安全措施应在工作票内有所体现。在一般情况下，此安全措施可由变电站在许可工作前补充执行，并在工作票“补充安全措施”栏内予以注明。但如属一次设备检修工作本身安全所需及为避免影响其他设备安全运行而涉及的二次回路安全措施，如开关检修工作、TA 检修试验工作等，凡检修试验工作内容涉及要取下直流控制熔丝、差动保护、失灵保护要撤出运行或低周减载和其他保护、自动装置连跳本开关的连接片要取下，则工作票签发人在签发工作票时，应在“应做安全措施”栏内予以注明。

四、工作票许可与开收工管控

许可人布置好工作现场的安全措施后，还应履行以下手续：

（1）工作许可人和工作负责人一起前往现场共同核对所做的安全措施已经完善，指明设备实际的隔离措施，双方共同对检修设备的状态进行交接。

（2）工作许可人带领工作负责人到现场，指明带电设备的具体位置并告知工作过程中应该注意的事项，提醒其做好工作的安全管控。

（3）双方分别确认签名，许可工作时间由工作许可人填写，且必须手工填写，不能使用盖章或者电子签名。工作的许可时间不能早于计划开始时间或晚于计划结束时间。由调度许可的工作，必须等到调度许可之后，方能许可。

（4）每日收、开工管控：收工之前工作负责人要组织工作班成员清理工作现场，确认场地清洁后将工作票交给运行人员。对无人值守变电站，工作负责人整理好工作现场后电话联系运检班组值班人员进行电话收工，工作许可人签名由工作负责人代签。电话收工必须对通话进行录音，同时在相关记录上做好登记。工作负责人次日需要复工，应得到工作许可人许可，从许可人处取回工作票，工作重新开始前工作负责人应认真检查现场的安全措施是否符合工作票要求，所有安全措施满足要求后才可开展工作。在工作负责人或监护人没有在场的情况下，所有工作人员不得开展工作。

对无人值守变电站，工作负责人可以通话电话联系运检班组进行开工。许可人在许可开工前应该仔细询问清楚工作内容及检修设备安全措施是否变动，若工作没有发生变动可以电话许可开工，工作负责人代签工作许可人的名字；若有变动，运检班组必须派许可人员到现场重新履行许可手续。运检班组当值人员必须使用录音电话办理复工手续。

开展“运检合一”模式之后，工作许可人可以加入检修工作，但是许可人与检修工作负责人严禁同时由一人承担，在许可工作时安全措施必须有效落实到位后工作许可人才能加入检修工作，“运检合一”模式下工作许可人和工作负责人在职责上必须坚持有明确的界限。

五、检修过程管控

综合检修期间和基建及技改工程中会有设备主人介入，对关键事件管控，见证检修施工行为及危险点防范措施管控和反措、消缺、踏勘问题处理项目等。

（一）过程管控要求

检修过程管控分为运维工作管控和设备主人管控两个部分。运维工作管控主要包括倒闸操作、工作许可、设备状态验收、工作终结等方面，由运检维护工作组负责；检修过程设备主人管控措施主要体现在施工行为及危险点防范措施监管、施工项目关键点见证两方面，由设备主人工作组负责。设备主人管控时间节点和管控要求见表4-2。

表4-2　　设备主人管控时间节点和管控要求

序号	时间	参与人	关键事件	管控工作项目要求
1	停役当天	运检维护工作组	运检管控	停役操作风险管控；工作许可
2	检修过程中	设备主人工作组	施工管控	检查现场危险点防范措施落实情况及文明施工情况，发现不规范施工行为，及时指出，并反馈检修负责人，要求整改
3	检修过程中	设备主人工作组	关键点见证	按照关键点见证卡内容对反措、消缺、踏勘问题处理项目关键点进行记录见证，发现问题及时反馈，要求整改
4	检修过程中	设备主人工作组	汇总反馈	每日将现场设备主人监管情况汇总反馈给设备主人管理组
5	复役当天	设备主人工作组	质量验收	设备主人按照设备验收卡对所修设备质量开展验收工作
6	复役当天	运检维护工作组	状态验收	到现场对检修设备状态进行交接验收，检查工作现场是否存在遗留物件，场地是否清洁等
7	复役当天	运检维护工作组	运维管控	工作终结；复役操作风险管控
8	复役第2天	设备主人工作组	运维管控	设备特巡，红外测温

运检维护工作组和设备主人工作组具体分工及流程见图4-3。

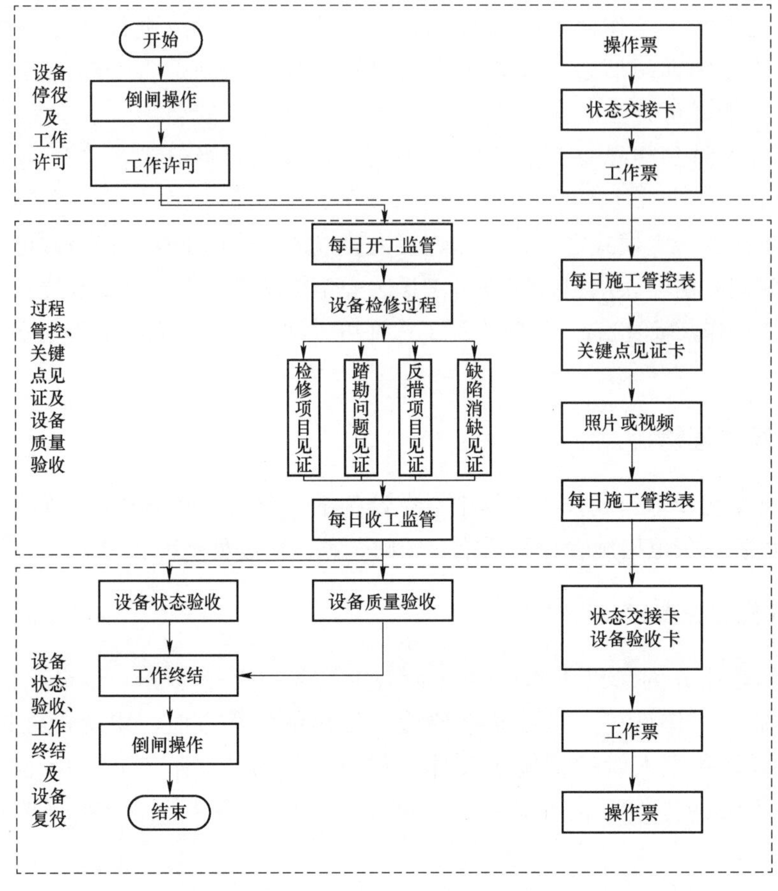

图 4-3　运检维护工作组和设备主人工作组具体分工及流程

（二）施工行为及危险点防范措施管控

施工行为及危险点防范措施监管由设备主人持现场施工管控表（见表 4-3），根据每日开工、收工管控职责以及工作当天实际作业面危险点防范措施，检查施工现场防范措施落实情况和文明施工情况。主要职责包括：

（1）外来人员必须佩戴施工证上岗，检查施工证是否在有效期内，是否有相应资质；

（2）运检人员进入生产区域后劳动防护用品是否穿戴整齐，是否正确佩戴安全帽；

（3）工作现场安全措施是否满足要求，是否有改动；

（4）工作现场防火工作落实情况，消防设施是否齐备，专责监护人是否已到位；

（5）大型器械施工位置是否满足安全要求，是否具备专人指挥；

（6）开工现场工器具是否按指定位置存放；

（7）现场易漂浮物固定措施是否落实；

（8）加强检修设备巡视，督查检修人员是否存在违章行为；

（9）加强施工现场的卫生监督，特别是对现场的饭盒等垃圾进行集中处理，严禁随意存放；

（10）对现场吸游烟的现象进行监督，严禁在施工现场吸烟；

（11）收工孔洞封堵情况；

（12）收工现场安全措施是否完备、齐整，如有因工作需要，允许临时变动的，应在收工时进行恢复；

（13）收工现场的卫生是否整理干净，需做到工完料尽场地清；

（14）检查收工现场的工器具是否规范管理，防止将工器具遗留在设备上。

表 4－3　　　　设备主人现场每日管控表

序号	管控项目	管控内容	管控记事	管控人/管控时间
1	人员进场管控	外来人员是否佩戴施工证上岗，检查施工证是否在有效期内，是否有相应资质		
2	人员防护管控	检查运检人员进入生产区域是否正确穿戴劳动防护用品，是否佩戴安全帽		
3	文明施工管控	工作现场已经布置了满足要求的安全措施，且无任何改动		
4		工作现场防火工作落实情况，消防设施是否齐备，专责监护人是否已到位		
5		大型机械施工的位置是否满足安全要求，施工过程中是否由专人指挥		
6		开工现场工器具是否存放在指定位置		
7		现场易漂浮物固定措施是否落实		
8		对检修设备需要加强巡视，对检修人员的工作行为进行督查，杜绝违章		
9		加强施工现场的卫生监督，特别是对现场的饭盒等垃圾进行集中处理，严禁随意存放		
10		监督现场吸烟的现象，在施工现场吸烟的行为坚决制止		
11	每日收工管控	收工孔洞封堵情况		
12		收工现场安全措施是否完备、齐整，如有因工作需要，允许临时变动的，应在收工时进行恢复		
13		检查收工后的现场卫生，做到"工完、料尽、场地清"		
14		检查收工现场的工器具是否规范管理，防止将工器具遗留在设备上		
15		每日工作结束后，大型车辆需要及时撤离，不准继续停留在工作现场		

（三）施工项目关键点见证

施工项目关键点见证目的是为了对技改、大修、反措、设备消缺项目实施情况进行见证，确证项目实施情况，以便运维人员全过程掌握项目实施进度及完成情况。

每日设备主人需向检修总负责人确认第二天工作关键点，合理安排工作组成员；设备主人工作组参与检修当天站班会，了解当天工作内容和主要危险点，告知检修工作负责人当天工作需见证的项目内容，在现场检修项目实施时，检修工作负责人应该及时通知设备主人到现场对关键点进行见证，设备主人工作组持关键点见证卡，与检修工作负责人一起核对见证项目实施情况，并在关键点见证卡上做好记录，分别签名确认。

（四）管控记录归档

1. 监管资料归档

设备主人工作组在每日施工现场管控和关键点见证过程中，利用图片、视频等辅助手段记录施工管控情况和项目关键点见证情况，相关问题和事项分别记录在每日施工管控表和关键点见证卡中，做到痕迹化管理。在项目结束后，将图片、视频、记录资料等归档保存管理，通过建立设备主人管控资料库，完成项目闭环。

2. 监管报告归档

每日由设备主人工作组形成工作日报，将当天设备主人工作情况汇报设备主人管理组，提出设备主人工作中发现的问题及改进措施，对现场设备主人的工作方式和工作内容进行完善，强化设备主人工作的执行效果。在工程结束后，班组组织设备主人工作总结会，总结检修监管工作情况，根据不足提出改进措施，提炼设备主人工作经验，形成书面总结报告，提交设备主人管理组审阅，以后设备主人现场管控经验提供依据。

六、工作票终结

（一）工作检查

在工作结束后，工作许可人和工作负责人根据工作票内容共同对工作后的状态进行检查，主要检查以下内容：① 二次接线（套管、电流互感器的末屏接线）是否恢复正确、紧固；② 断路器状态是否已经恢复到许可时的原始状态；③ 隔离开关的位置是否恢复到许可时的初始状态；④ 工作临时挂设的接地线是否已经拆除干净；⑤ 试验用的临时短接线是否拆除；⑥ 设备上是否遗留物品等方面。

（二）检修设备验收

（1）检修工作全部结束之后，工作负责人应组织工作班成员对现场进行清理，将工作中使用的所有工器具拆除。

（2）工作负责人先开展自验收工作，设备检修质量自验收合格后，将由工作负责人审核签字的作业自验收资料和有试验数据合格结论的设备试验报告提交给工作许可人，作为设备提交验收的前提条件，书面资料收集齐全，拍照留档后进行现场验收。

（3）工作票负责人告知许可人工作内容已全部结束，工作负责人会同工作许可人一起对检修设备进行验收，验收正确后工作负责人与许可人分别在工作票中签名；经验收后工作负责人需及时填写修试记录，按照要求结束工作票。

（三）复役操作

工作票终结并汇报调度后，将开始复役操作。此时运检人员身份继续转变，由检修角色转换为运维角色，开始倒闸操作。在角色转换过程中，运检人员必须取得倒闸操作资质，经过培训并考试合格，名单经上级领导批准并公布。严禁无资质人员开展倒闸操作。

七、安全事故案例

（一）【案例 1】误入带电间隔造成人身死亡事故

1. 事故概况

××××年××月××日，某 110kV 变电站检修作业现场，发生一起人身伤亡事件。工作班成员人员在未征得工作负责人同意的情况下擅自移动安全遮拦，导致误碰带电设备，工作成员触电死亡。

2. 事故经过

××月××日，某 110kV 变电站开展 10kVⅡ段部分设备年检工作，工作开始后，工作负责人章××安排工作班成员利××开展 312 间隔的检修工作，安排刚×对 514 小车内部开展清扫。紧接着工作负责人带领王××、张××到开关柜后开展开关柜内清扫工作。工作负责人安排王××使用开关柜专用内六角扳手打开 10kVⅡ段母线上的包括 502、506、508、512、514 在内的 5 个开关柜的后柜门，由张××进行柜内清扫工作，章××前往开关柜前与二次设备调试人员进行相关注意事项的交底。王××依次将 5 个柜门打开后，将使用过的专用扳手随意丢弃在 512 开关柜的后柜门边的地上，随后到开关柜前与利××一起开展 512 间隔的检修工作。刚×完成 514 开关小车清扫工作后，私自走到开关柜后柜门，将 10kVⅡ段母线电压互感器后柜门的安全遮拦移开，捡起地上的专用扳手卸下 10kVⅡ段母线电压互感器后柜门上的固定螺钉，打开后柜门准备开展柜内清扫，10 时 16 分，10kVⅡ段母线电压互感器开关柜内母线对进入开关柜的刚×放电，刚×经抢救无效死亡。

3. 事故原因

（1）直接原因。刚×在未得到现场工作负责人允许的情况下，私自变动安全遮拦并擅自打开 10kVⅡ段母线电压互感器后柜门开，即使看到 10kVⅡ段母线电压互感器后柜门上悬挂的“止步，高压危险”警示也不停止工作，误入 10kVⅡ段母线电压互感器后柜门导致事故发生。

（2）间接原因。

1）工作中工作负责人章××在安全交底时没有交代清楚。工作票上的“10kVⅡ段母线电压互感器后门内设备带电”的情况没有及时向工作班成员进行交底；同时工作负责人对工作班成员没有进行监护，导致人员误入间隔没有及时发现制止。

2）工作票签发人没有针对柜前和柜后同时开展工作的情况增设相应的监护人，导致人员工作过程中监护不到位。

3）10kVⅡ段母线电压互感器后柜门没有完善的防误闭锁功能，不能防止人员误入带电间隔。

（二）【案例 2】误入带电间隔造成变电站全停、人身灼伤事故

1. 事故概况

××××年××月××日，××供电公司 220kV ××变电站发生一起外包单位油漆

工误入带电间隔，造成 3 座 110kV 变电站全停和人员灼伤事故。

2. 事故经过

××月××日，××电业局220kV××变电站进行甲线1230正母闸刀油漆、乙线1377正母闸刀油漆，该工作由外包单位电气安装公司承担。

13 时 30 分左右，完成了甲线 1230 正母闸刀油漆工作后，工作监护人朱××发现甲线 1230 正母闸刀垂直拉杆拐臂处油漆未到位，要求油漆工负责人汪××在乙线 1377 正母闸刀油漆工作完成后对甲线 1230 正母闸刀垂直拉杆拐臂处进行补漆。15 时，监护人朱××因有临时工作需要离开现场，通知油漆工负责人汪××暂停工作，在没有确认被监护人已经离开现场的情况下独自离开作业现场。而油漆工负责人汪××、油漆工毛××为赶进度，未执行暂停工作命令，擅自进行工作，在进行补漆时走错间隔，攀爬到与甲线 1230 相邻的丙线 1229 间隔的正母闸刀上，当攀爬到距地面 2m 左右时，丙线 1229 正母闸刀 A 相对油漆工毛××放电，油漆工被电弧灼伤，顺梯子滑落。

15 时 5 分 110kV 母差保护动作，跳开 110kV 副母线上所有开关，造成 3 座 110kV 变电站失电，损失负荷 12.2 万 kW。15 时 50 分恢复全部停电负荷。

3. 原因分析

（1）油漆工毛××的安全意识比较淡薄，没有严格遵守各项安全规章制度，工作过程中不听从工作监护人的命令，擅自开展工作，导致自己误入带电间隔，是发生本起事故的主要原因。

（2）工作监护人朱××监护工作执行不到位，在工作内容没有全部完成的情况下，独自离开去做和此次工作无关的事情，将两个工作班成员滞留在带电设备的现场，导致他们两人失去监护，是发生本起事故的直接原因。

第六节　二次作业安全隔离措施

工作许可手续完成后，进入现场作业实施阶段，作业人员应依据专业特征和检修方案制订的风险预控措施实施相应的安全隔离技术措施。此类措施多是针对二次作业进行布置，本节将介绍典型的二次作业安全隔离技术措施。

一、二次作业安全隔离措施实施原则

（1）二次设备进行校验、消缺、改造等现场检修作业时，要保证不会影响到运行设备的正常运行，应执行二次作业安全隔离措施，隔离采样、跳闸（包括远跳）、合闸、启失灵、失灵联跳、遥信、录波等与运行设备相关的回路。

（2）单套配置的保护装置校验、消缺、反措等现场检修作业时，如会影响到保护的正常运行，需停役相关一次设备。双重化配置的保护装置仅单套校验、消缺、反措时，可只停用保护装置，不停役一次设备，但应防止一次设备无保护运行。

（3）对联跳、启动失灵等重要回路执行安全隔离措施时，至少要采取双重安全措施，并且要使回路具备明显的断开点，如取下跳闸连接片、拆除二次电缆等。

（4）自动化设备进行校验、消缺等现场检修作业时，要防止监控自动化系统产生异

常告警或数据跳变，应提前告知监控自动化封锁遥信、遥测数据。

（5）智能变电站执行二次安全隔离措施时，优先采用退出检修装置发送软压板或运行装置接收软压板的方式来隔离虚回路，不宜采用断开光纤的方式进行物理隔离，防止光纤接口使用寿命缩减、试验功能不完整等问题。如确实无法通过退出软压板实现隔离，可采用断开光纤的隔离方式，但不得影响运行设备的正常运行。

（6）对于智能变电站，重要的虚回路（如启动失灵和联跳回路）应至少采取双重安全措施，如同时执行退出相关出口软压板、接收软压板和投入检修硬压板等安全措施。

（7）智能变电站智能汇控柜设有出口硬连接片，可实现二次回路的明显断开点，此外，通过断开光纤可实现虚回路的硬隔离。

（8）对母差保护、主变压器保护、安全自动装置等存在启动失灵回路、联跳回路或跨间隔 GOOSE、SV 联系的保护装置，检修工作开展前应编制二次工作安全措施票，并经技术负责人审核通过。

（9）对于智能变电站，安全措施执行完成后应在“检修装置”“与检修装置相关联的运行装置”及“后台监控系统”三处核对装置的检修连接片、软压板等相关信息，以确认安全措施执行到位。

二、二次作业典型安全隔离措施

在二次系统上的工作一般可以采用停电、停用保护装置、数据封锁、悬挂标示牌和装设遮拦围栏、退出装置出口硬连接片、断开装置间的二次电缆、短接电流互感器二次绕组等方式，实现检修设备与运行设备的安全隔离。具体说明如下：

（一）停电

在二次设备上的工作，如果将影响到一次设备的正常运行的，应将一次设备停电。相关实施原则如下：

（1）在高压室内进行继电保护及自动化作业，工作位置与高压设备的安全距离不满足变电《国家电网公司电力安全工作规程》所规定的安全距离时，需将高压设备停电。

（2）继电保护或安全自动装置进行传动或通流通压试验，自动化监控系统进行遥控试验，直流系统进行功能试验，需将相关一次设备停电。

（3）对于可能影响到一次设备正常运行的继电保护和监控自动化系统作业，需将相关一次设备停电。

（4）通信系统检修作业会影响到一次设备正常运行的，如高频通道检修，光纤通道联调试验等，需将相关一次设备停电。

（5）单套配置的保护装置校验时，需将相关一次设备停电。

（二）停用保护装置

在二次设备上的工作，不影响一次设备正常运行，但影响保护装置正常运行的，可申请停用保护装置。相关实施原则如下：

（1）检修人员或运行人员改变运行中的继电保护装置、安全自动装置的定值不会影响到一次设备正常运行但影响装置运行的，可申请停用相关保护装置。

（2）检修人员对继电保护装置、安全自动装置执行反措、消缺、版本升级等内部作业影响装置运行的，应停用相关保护装置。

（3）作业人员在继电保护装置、安全自动装置、智能汇控柜等屏柜上或附近进行打孔等震动较大的工作时，为了防止保护误动，可申请停用相关保护装置。

（4）检修人员对继电保护装置、安全自动装置进行带负荷试验、电流回路检查、核相等不会影响到一次设备正常运行的工作，可申请停用相关保护装置。

（5）在继电保护装置、安全自动装置的交流电流、电压，开关量输入、输出回路上作业影响装置运行的，应停用相关保护装置。

（6）双重化配置的保护装置，仅单套设备校验、消缺时，可不停役一次设备，仅停用保护装置，但要防止无保护运行。

（三）数据封锁

在远动自动化系统上的工作，为了防止主站端潮流或遥信数据异常，需要及时联系自动化部门进行数据封锁。数据封锁可分为以下几种情况：

（1）封锁遥测数据：在对测控装置进行加量时，为了防止主站端潮流异常，应电话联系省调自动化和地调自动化封锁遥测数据。

（2）封锁通道数据：当涉及远动机配置修改工作需重启远动机时，为防止主站端数据异常，应提前联系省调自动化和地调自动化封锁整个数据通道，重启远动机需要轮流进行，不可同时重启省调远动机和地调远动机，以免主站端失去对现场的监控。

（3）封锁网安数据：当厂家人员备份后台数据或提取、下装远动表时，需连接外部计算机或非国网U盘，此时需联系省调自动化和地调自动化悬挂网安检修牌，以免网安告警。

（四）退出装置出口硬压板

保护装置设有出口硬压板，出口硬压板位于保护开出节点与出口电缆之间，退出出口硬压板能在出口回路形成明显的断开点，使得保护装置无法实现对开关的跳、合闸或传动相关保护。出口硬压板包括以下几种：

（1）跳闸出口压板：控制跳闸回路的通断，退出后保护动作将无法控制开关跳闸或传动其他保护跳闸继电器。

（2）重合闸出口压板：控制合闸回路的通断，退出后保护重合闸动作将无法控制开关合闸。

（3）启动母差失灵出口压板：退出后，线路保护或主变压器保护动作将不启动母差保护失灵，避免运行中的母差保护误动。

（4）主变压器保护解除母线复合电压闭锁出口压板：退出后，主变压器保护动作将不会解除母差保护的复合电压闭锁功能，防止运行中的母差保护误动。

（5）母差保护失灵联跳主变压器出口压板：退出后，母差保护动作将不会开出失灵联跳信号至主变压器保护，防止运行中主变压器保护误动。

（五）断开二次电缆

对于常规变电站，继电保护、安全自动装置与开关操动机构、闸刀操动机构之间的二次回路连接均通过电缆实现，断开装置间的二次电缆能够保证检修装置与运行装置、一次设备的可靠隔离。通常需要断开的二次电缆包括以下几种：

（1）母差保护跳运行间隔的出口电缆。

（2）联跳运行间隔的出口电缆：如主变压器保护联跳中低压侧母联、分段开关的出口电缆；母差保护联跳主变压器三侧的出口电缆。

（3）启动母差失灵或解除母差负压闭锁的出口电缆。

（4）母差保护启动远方跳闸的出口电缆。

（5）遥信电源和录波电源公共端。

（六）短接电流互感器二次侧

电流互感器二次侧不得开路，如果电流互感器二次侧开路将会产生很高的电压，威胁人身和设备安全。短接电流互感器二次侧的相关要求如下：

（1）在带电的电流互感器二次回路上进行工作，应在端子排上将电流互感器二次侧进行短接，短接应使用短路片或短接线，禁止使用缠绕的方式进行短接。

（2）电流互感器短接后，原则上禁止在电流互感器与短路端子之间导线上进行任何工作，如必须要工作，可申请停用有关保护装置和安全自动装置。

（3）工作中必须小心谨慎，防止电流互感器二次回路永久接地点断开。

（4）工作时，必须有专人监护，使用绝缘工具，并站在绝缘垫上。

（七）悬挂标示牌和装设遮拦、围栏

标示牌、遮拦和围栏能有效防止走错间隔或误碰运行设备，其相关实施原则如下：

（1）在全部停运的继电保护、安全自动装置、开关柜、智能组件柜、端子箱等屏柜上工作时，应在检修屏柜两旁和前后的运行屏柜上设临时遮拦或以明显标志隔开。

（2）在部分停运的继电保护、安全自动装置和智能组件柜等屏柜上工作时，应用红布幔或明显标志将检修设备和运行设备的端子排、空气开关、连接片等隔开。

（3）整屏工作，应在左右运行屏正面和背面各挂红布幔；仅屏前或屏后工作，可仅在屏前或屏后设置红布幔。

（4）屏内某设备工作，应在其四周运行设备正面和背面各挂红布幔。

（5）控制屏上某 KK 开关工作时，应在左右（必要时为四周）运行 KK 手柄正面和背面各挂红布幔。

（6）屏柜前后的“在此工作！”标示牌应有固定措施。

（7）智能组件柜按二次设备的原则布置现场安全措施。

三、智能变电站二次作业安全隔离措施

智能变电站二次作业安全隔离措施是指对智能变电站继电保护和安全自动装置进行检修、消缺、反措等工作时，为防止影响运行设备的正常运行而采取的安全措施，主要包括投入检修连接片，退出装置软压板、出口硬压板以及断开装置间的连接光纤等方式，

实现检修装置与运行装置的安全隔离[6]，具体说明如下：

（一）投入检修连接片

智能变电站二次设备具备检修机制，继电保护、安全自动装置、合并单元及智能终端均设有一块检修硬压板，当检修硬压板投入时，装置发送的 GOOSE 报文 TEST 位、SV 报文数据品质 TEST 位将置 1，装置在对报文进行处理时，会将 TEST 位于自身检修连接片状态做比对，只有当两者一致时才进行处理或动作，两者不一致时则报文视为无效，不参与逻辑运算。因此，在对检修装置与运行装置执行隔离措施时，可采取投入检修装置的检修连接片的方式来实现。

（二）退出软压板

智能二次设备之间是通过虚回路进行联系的，其信号的发送和接收受软压板控制，软压板可分为GOOSE发送软压板、GOOSE接收软压板和SV接收软压板，用于从逻辑上隔离信号输出、输入。通过退出检修装置的发送软压板、与检修装置相关联运行装置的接收软压板便可以检修装置与运行装置某一路信号的逻辑通断。其中常见的需要退出的软压板包括：

（1）GOOSE 发送软压板：主变压器保护或线路保护启动母差失灵 GOOSE 出口软压板、主变压器保护联跳中低压侧母联和分段的 GOOSE 跳闸出口软压板、主变压器保护闭锁备自投 GOOSE 出口软压板，母差保护失灵联跳主变压器 GOOSE 出口软压板。

（2）GOOSE 接收软压板：母差保护接收主变压器保护或线路保护失灵启动的 GOOSE 接收软压板。

（3）SV 接收软压板：主变压器保护、母差保护、2/3 接线的线路保护等涉及多个间隔的保护，其部分间隔停役检修，应将相应间隔的 SV 接收软压板退出。

（三）退出智能终端出口硬压板

智能终端设有跳闸出口硬压板，可作为明显断开点，实现相应二次回路的通断。出口硬压板退出时，保护装置无法通过智能终端实现对开关的跳、合闸。

（四）断开光纤

智能设备之间的信息传输是通过光纤实现的，因此，断开检修装置与运行装置之间的联系光纤，能从物理上实现对两者的彻底隔离，是对检修装置和运行装置进行安全隔离的最彻底的手段，在无法通过软压板进行虚回路隔离的情况下，可通过断开光纤来隔离检修装置。

四、二次作业安全隔离措施实施案例

【案例 1】常规变电站二次作业安全隔离措施

某 220kV 常规变电站，其一次接线图如图 4-4 所示，保护室屏位定置图如图 4-5 所示（屏柜编号带“*”为检修设备，屏柜编号为深灰色为相邻运行设备），现需对其 1 号主变压器进行 C 级检修，保护及自动化装置校验。

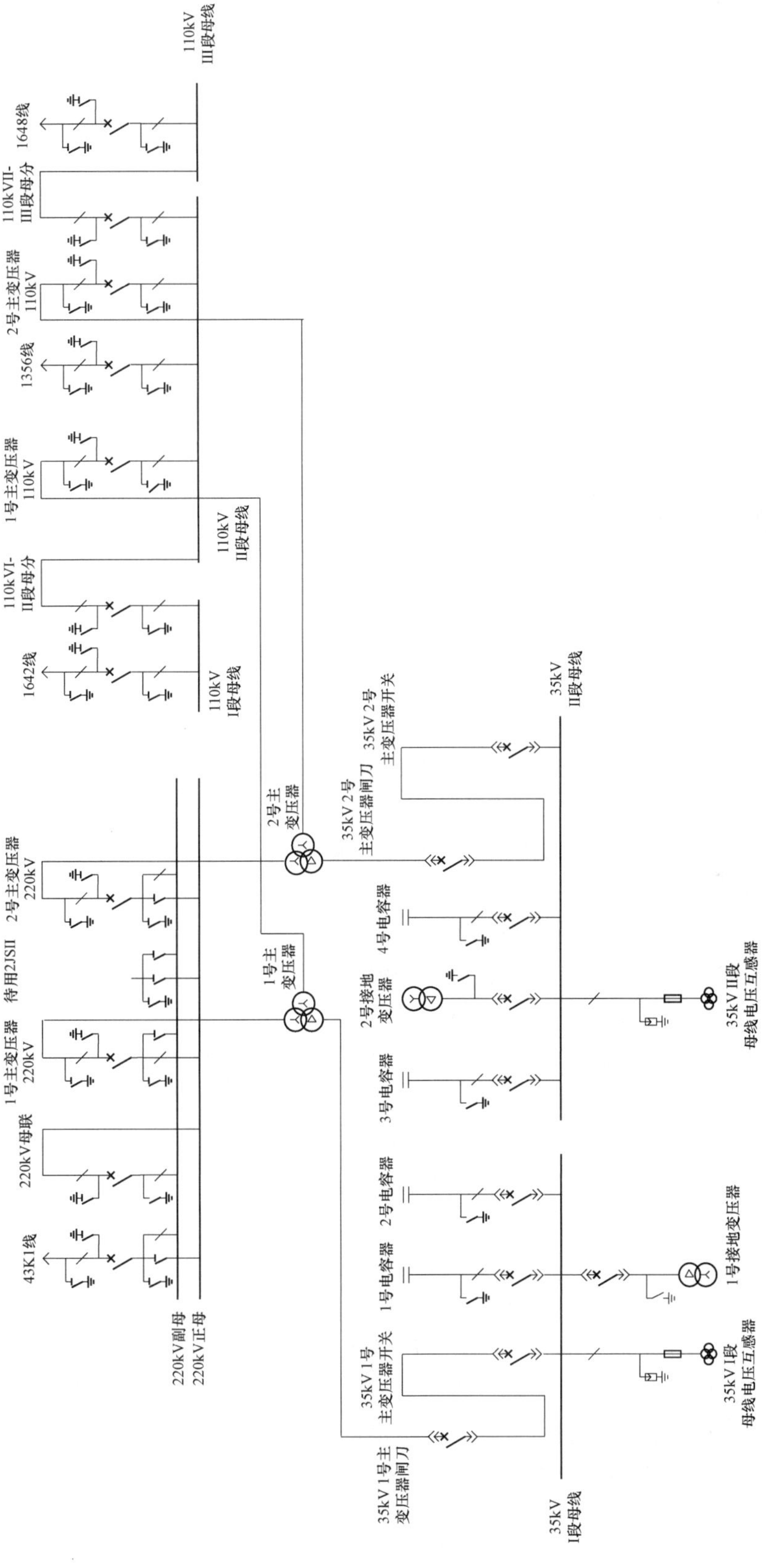

图 4-4 某 220kV 常规变电站一次接线图

		43P	42P	41P	40P
	支撑柱	备用	备用	主变压器故障录波器屏	220kV 故障录波器屏
59P	58P	57P	56P	55P*	54P
2 号主变压器非电气量保护屏	2 号主变压器电气量保护屏（二）	2 号主变压器电气量保护屏（一）	2 号主变压器测控屏	1 号主变压器测控屏	设备状态监测信息接入屏
75P*	74P*	73P*	72P	71P	70P
1 号主变压器非电气量保护屏	1 号主变压器电气量保护屏（二）	1 号主变压器电气量保护屏（一）	备用	备用	备用

图 4-5　某 220kV 常规变电站保护小室部分定置图

保护及自动化装置校验在主变压器间隔一次设备停电情况下进行，相应保护装置、测控装置停运检修，需要执行的安全措施如下：

（1）将主变压器及三侧断路器改为检修状态：

1）拉开 1 号主变压器 220kV 断路器、220kV 主变压器闸刀、220kV 正母闸刀、220kV 副母闸刀；

2）拉开 1 号主变压器 110kV 断路器、110kV 主变压器闸刀、110kV 母线闸刀；

3）拉开 1 号主变压器 35kV 断路器并将其断路器小车由工作位置摇至试验位置、拉开 35kV 主变压器闸刀；

4）合上 1 号主变压器 220kV 主变压器接地闸刀、110kV 主变压器接地闸刀、35kV 主变压器接地闸刀。

（2）防止误碰、误操作的安全措施：

1）在已拉开的 1 号主变压器 220kV 断路器、1 号主变压器 220kV 主变压器闸刀、1 号主变压器 220kV 正母闸刀、1 号主变压器 220kV 副母闸刀、1 号主变压器 110kV 断路器、1 号主变压器 110kV 主变压器闸刀、1 号主变压器 110kV 母线闸刀、1 号主变压器 35kV 断路器、1 号主变压器 35kV 断路器小车、1 号主变压器 35kV 主变压器闸刀的操作把手上各挂“禁止合闸，有人工作”标示牌并锁住；

2）在 1 号主变压器保护屏一、1 号主变压器保护屏二、1 号主变压器测控屏前后放置“在此工作”标示牌，相邻主变压器故障录波器屏、设备状态监测信息接入屏、2 号主变压器测控屏、2 号主变压器电气量保护屏（一）、2 号主变压器电气量保护屏（二）、2 号主变压器非电气量保护屏用“运行设备”封条封住并上锁；

3）在 1 号主变压器本体、1 号主变压器本体端子箱、1 号主变压器 220kV 断路器端子箱、1 号主变压器 220kV 断路器机构箱、1 号主变压器 110kV 断路器端子箱、1 号主变压器 110kV 断路器机构箱、1 号主变压器 35kV 开关柜处放“在此工作”标示牌，四周设围栏，围栏朝向里面挂“止步，高压危险”标示牌，在围栏入口处放“从此进出”标示牌；

4）在 1 号主变压器爬梯处悬挂“从此上下”标示牌。

（3）防止二次电压反送的安全措施：

1）划开 1 号主变压器第一套保护装置的高、中、低三侧二次回路电压端子中间连接片；

2）划开 1 号主变压器第二套保护装置的高、中、低三侧二次回路电压端子中间连接片；

3）划开 1 号主变压器 220kV 测控装置、110kV 测控装置、35kV 测控装置的二次回路电压端子中间连接片。

（4）防止误跳运行间隔的安全措施：

1）退出 1 号主变压器第一套保护跳 110kVⅠ－Ⅱ段母分开关出口连接片并拆出对应出口二次线芯；

2）退出 1 号主变压器第一套保护跳 110kVⅡ－Ⅲ段母分开关出口连接片并拆出对应出口二次线芯；

3）退出 1 号主变压器第二套保护跳 110kVⅠ－Ⅱ段母分开关出口连接片并拆出对应出口二次线芯；

4）退出 1 号主变压器第二套保护跳 110kVⅡ－Ⅲ段母分开关出口连接片并拆出对应出口二次线芯。

（5）隔离主变压器保护发启动失灵和解除复压闭锁信号至母线保护的安全措施：

1）退出 1 号主变压器第一套保护启动 220kV 第一套母差保护失灵出口连接片并拆出对应出口二次线芯；

2）退出 1 号主变压器第一套保护解除 220kV 第一套母差保护复压闭锁出口连接片并拆出对应出口二次线芯；

3）退出 1 号主变压器第二套保护启动 220kV 第二套母差保护失灵出口连接片并拆出对应出口二次线芯；

4）退出 1 号主变压器第二套保护解除 220kV 第二套母差保护复压闭锁出口连接片并拆出对应出口二次线芯。

（6）防止监控自动化系统信号异常和潮流异常的安全措施：

1）拆出 1 号主变压器第一套保护装置的遥信公共端和录波公共端二次线芯；

2）拆出 1 号主变压器第二套保护装置的遥信公共端和录波公共端二次线芯；

3）工作前，告知省调自动化和地调自动化封锁 1 号主变压器遥信和遥测数据。

【案例 2】智能变电站二次作业安全隔离措施

某 220kV 智能变电站，其 220kV 部分一次接线图如图 4－6 所示，保护室屏位定置图如图 4－7 所示（屏柜编号带“*”为检修设备，屏柜编号为深灰色为相邻运行设备），现需对 220kV 甲乙 43K1 线路间隔进行保护及自动化装置校验，甲乙 43K1 线采用传统互感器、SV 采样、GOOSE 跳闸，其 SV、GOOSE 信息流如图 4－8 所示。

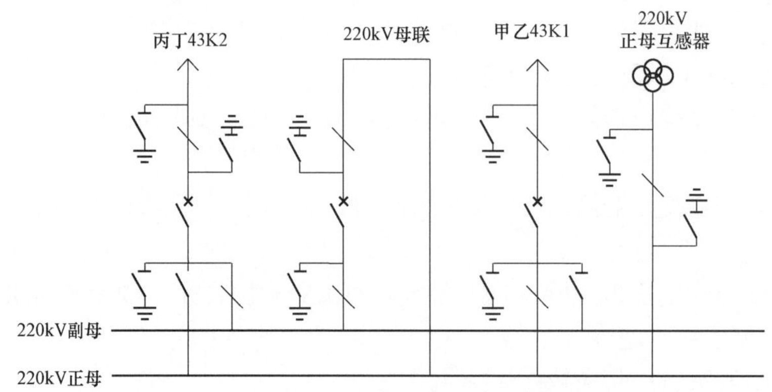

图 4-6　某 220kV 智能变电站部分一次接线图

28P	29P*	30P	31P	32P	33P	34P	35P	36P	37P	38P
明生43K2 保护、测控	明聚43K1 保护、测控	跃聚23P6 保护、测控	跃生23P7 保护、测控	220kV 母联保护屏	220kV 第一套母差保护屏	220kV 第二套母差保护屏	220kV 母设测控屏	220kV 线路故障录波器屏	220kV 通信网络接口屏	220kV 线路电能表屏

3P	4P	5P	6P	7P	8P	9P	10P	11P	12P	13P
综合服务器屏	监控服务器屏	数据服务器屏	Ⅲ区远动屏	Ⅰ区远动屏	Ⅱ区远动屏	网络分析仪屏（一）	网络分析仪屏（二）	智能辅控系统	GPS 主时钟屏	GPS 扩展时钟屏

图 4-7　某 220kV 智能变电站保护小室部分定置图

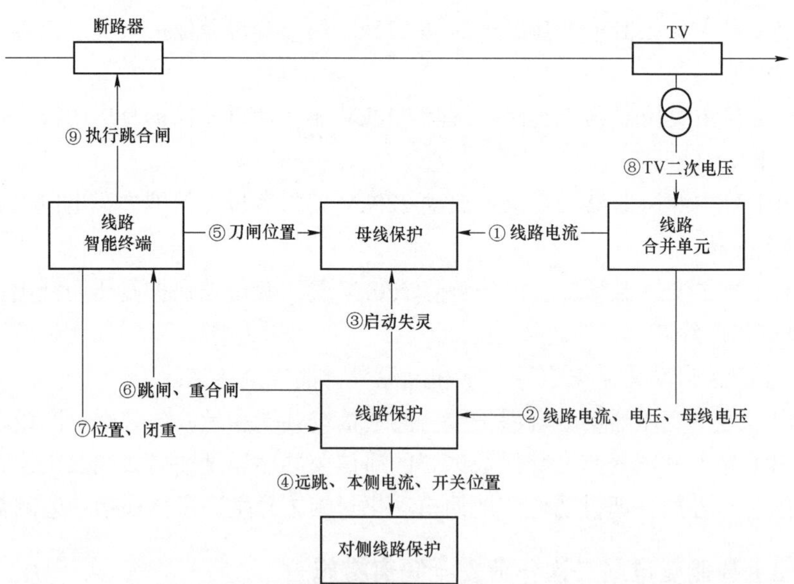

图 4-8　甲乙 43K1 线保护 SV、GOOSE 信息流图

保护及自动化装置校验在线路间隔一次设备停电情况下进行，相应保护装置、测控装置、合并单元与智能终端停运检修，需采取的安全措施如下：

（1）将线路改为冷备用状态：拉开甲乙 43K1 线开关、正母闸刀、副母闸刀、线路闸刀。

（2）防止误碰、误操作的安全措施：

1）在已拉开的甲乙 43K1 线开关、正母闸刀、副母闸刀、线路闸刀的操作把手上分别挂“禁止合闸，有人工作” 标示牌并锁住；

2）在甲乙 43K1 保护测控屏前后放“在此工作”标示牌，相邻 43K2 保护测控屏、23P6 保护测控屏、监控服务器屏用“运行设备”封条封住并上锁；

3）在甲乙 43K1 智能汇控柜前后放“在此工作”标示牌，并用围栏围住，围栏朝向里面设“止步，高压危险”标示牌，在围栏出入口处放“从此进出”标示牌。

（3）隔离 TV 二次电压的安全措施：

1）断开甲乙 43K1 线线路电压互感器二次电压空气开关；

2）断开甲乙 43K1 线线路电压二次回路中间连接片。

（4）隔离线路合并单元发线路电流至母线保护的安全措施：

1）退出 220kV 第一套母差保护甲乙 43K1 线 SV 接收软压板；

2）退出 220kV 第二套母差保护甲乙 43K1 线 SV 接收软压板。

（5）隔离线路保护发启动失灵至母线保护的安全措施：

1）220kV 第一套母差保护退出甲乙 43K1 线第一套线路保护启动失灵 GOOSE 接收软压板；

2）220kV 第二套母差保护退出甲乙 43K1 线第二套线路保护启动失灵 GOOSE 接收软压板。

（6）隔离线路智能终端发母线侧闸刀位置至母线保护的安全措施：

1）投入甲乙 43K1 线线路第一套智能终端检修连接片；

2）投入甲乙 43K1 线线路第二套智能终端检修连接片。

（7）隔离线路保护发远跳、本侧电流、开关位置至对侧线路保护的安全措施：

1）拔下甲乙 43K1 线第一套保护至对侧线路保护的通道光纤（TX）；

2）拔下甲乙 43K1 线第二套保护至对侧线路保护的通道光纤（TX）。

（8）防止监控自动化系统异常告警和潮流异常的安全措施：工作前告知省调自动化与地调自动化封锁甲乙 43K1 线遥信、遥测数据。

第七节 安全交底与安全监护

一、安全交底

安全交底是指现场作业开始前设备运维管理单位或工作负责人向所有参加工作的人员交代设备状态、带电部位、安措执行情况、工作内容、工作地点、工作时间、人员分工、作业危险点和预控措施，并检查人员劳动防护用品是否齐备、精神状态和身体状况是否良好、作业人员是否持证上岗等内容。安全交底制度可分为工作开始前工作负责人对工作班成员的工前交底以及对于外来人员或临时参加工作的人员的安全教育两个部分。

（一）工前交底

工作许可手续完成后，工作负责人、专责监护人应向工作班成员交代工作内容、人员分工、带电部位和现场安全措施，进行危险点告知，并履行确认手续，工作班方可开始工作。若工作为多日工作，之后每天在办理完开工手续后，工作负责人、专责监护人应召开站班会，进行安全交底，履行交底签名确认手续。工前交底可分为以下内容：

（1）明确工作任务与人员分工：工作负责人应交代当天的工作任务，并明确每一个工作班成员的具体分工情况。

（2）工作人员与安全工器具检查：工作负责人应检查工作班成员精神状态良好、着装符合安全要求、个人防护用品齐全且符合安全要求、安全工器具齐全且在有效期内。

（3）安全措施与技术措施交底：工作负责人详细的介绍现场布置的安全措施和检修方案中的技术措施，强调任何人不得擅自更改安全措施。

（4）危险点与注意事项交底：工作负责人依据当天的工作内容和检修方案中的风险点分析和预控措施，进行具体的危险点和安全注意事项交底。交底的内容可从本章第三节选择相关内容进行。

（5）文明施工交底：现场工器具放置、废弃物处理、禁止吸烟等文明施工相关内容交底。

变电运检作业工前交底具体内容可参照表 4-4。

表 4-4　　变电运检作业工前安全交底单

计划工作时间：自____年____月____日____时____分　至____年____月____日____时____分		
序号	工作任务	工作小组成员
1		
项目	检查/交代内容	执行记录（确认打“√”）
资料准备情况	技术资料、图纸、工程技术联系单	
	检修（施工）方案、作业指导书（执行卡）	
	工作票、外来人员教育卡	
	安全交底单	
工器具准备情况	安全防护用品	
	工器具	
	仪器仪表	

续表

项目	检查/交代内容	执行记录（确认打“√”）
工作人员检查	工作班人员的精神状态应良好	
	工作班人员着装应符合安全要求	
	个人防护用品应齐全并符合要求	
	特种作业人员应持证上岗	
危险点与控制措施交底	相邻××间隔带电，注意保持安全距离	
	…	
	…	
	…	
安全措施交底	断开断路器控制电源、闸刀电机电源，未经许可禁止合上	
	…	
	…	
	…	
现场文明生产交底	设备、工器具等应分类统一摆放至变电站内标示的定置区，摆放整齐，并做好工器具防风、防雨措施	
	作业现场设置“有机、无机、有害”垃圾箱、废油桶及扫把、畚箕等卫生洁具并设置废旧设备区、卫生洁具摆放区	
	作业现场禁止吸烟及明火	
	作业时及时清理本工作区内的加工废料，废旧设备放入定置区	
	回收废油、废气、废料，不污染环境，爱护绿化植被	
	工作结束“工完、料尽、场地清”	
作业人员确认签名		
交底人及检查人（工作负责人）签名		交底日期
		年 月 日

（二）外来人员安全教育

外来人员参加现场工作前，应取得安全准入资质。工作前，工作负责人应核实其安全准入资质，告知现场电气设备接线情况、危险点和安全注意事项并使用外来人员教育卡，有外来人员参与工作的，应增设专职监护人。常见的参加变电运检现场工作的外来人员有厂家人员、民工和特种作业人员，对其安全教育的内容可分别见表4-5～表4-7。

1. 厂家人员安全教育

表4－5　　厂家人员安全教育卡

<table>
<tr><td colspan="2">指定的工作任务</td><td colspan="6"></td></tr>
<tr><td colspan="2">指定的工作范围</td><td colspan="6"></td></tr>
<tr><td colspan="2">指定的工作时间</td><td colspan="6"></td></tr>
<tr><td rowspan="4">工作现场的危险点和安全注意事项</td><td>防止触电注意事项</td><td colspan="6">1. 工作时，应注意与带电设备间保持足够的安全距离：
□220kV：3m　□110kV：1.5m　□35kV（20kV）：1.0m　□10kV：0.7m
2. 搬运梯子、管子等长物，必须放倒水平搬运，并与带电设备保持足够的安全距离。
3. 在附近有带电设备的区域工作时，必须听从工作负责人（专职监护人）指挥进行工作，有疑问时必须问清楚，不得擅自行动，并按指定的路径进出，不得移动或跨越遮拦，不得拆除警告标示牌，不得触及与工作无关的其他设备。
4. 使用合格的电动工器具，不得使用无触保器的电源盘，工器具金属裸露部分做好绝缘防护。
5. 穿戴合格的劳保用品，如全棉工作服、绝缘鞋等，禁止穿短袖、拖鞋进入工作区域</td></tr>
<tr><td>防止高空坠落注意事项</td><td colspan="6">1. 正确佩戴合格的安全帽进入施工现场，工作中听从工作负责人（专职监护人）指挥。
2. 材料、设备起吊过程中，禁止在起吊物下方行走或逗留。
3. 随身携带工具应放入工具袋中，严禁将工具材料上下投掷。
4. 坠落基准面大于2m的工作时，应系好安全带或腰绳，严禁低用高挂。
5. 梯上作业时，梯子须有防滑措施，单梯下面有人扶住</td></tr>
<tr><td>防止机械伤害注意事项</td><td colspan="6">1. 屏、柜搬运或移位时，应有足够人力，听从工作负责人（专职监护人）指挥，避免倾倒震动及轧伤人员。
2. 不得擅自操作切割、液压等电动机械装置，必须具备相关操作证书，经工作负责人（专职监护人）同意并有人监护下方可操作。
3. 做好安全防护措施，严禁戴手套操作转动设备、抡大锤等</td></tr>
<tr><td>其他注意事项</td><td colspan="6">1. 严禁酒后工作，在工作区域不得吸烟。
2. 禁止手机、3G无线上网卡、非国网移动存储介质及其他拨号设备与内网计算机连接。
3. 工作期间必须在工作负责人（专责监护人）监护下进行，不得失去监护作业，不得擅自操作如“KK”、连接片等现场设备，不得重启自动化设备，不得单独进入、滞留在设备区、保护小室</td></tr>
<tr><td colspan="2">工作负责人（签名）</td><td colspan="2"></td><td>时间</td><td colspan="3">年　月　日　时　分</td></tr>
<tr><td colspan="2">专责监护人（签名）</td><td colspan="2"></td><td>时间</td><td colspan="3">年　月　日　时　分</td></tr>
<tr><td colspan="2" rowspan="2">参加人员确认后签名</td><td colspan="6">我已明确了工作任务、工作范围、工作时间，清楚知晓了上述工作现场的危险点和安全注意事项，严格执行各项安全措施</td></tr>
<tr><td></td><td></td><td></td><td></td><td></td><td></td></tr>
</table>

2. 民工安全教育

表4－6　　民工安全教育内容

<table>
<tr><td>教育对象</td><td>教育内容</td></tr>
<tr><td rowspan="3">民工</td><td>戴好安全帽进入施工现场，工作中听从工作负责人指挥，外来人员参与本单位电气工作必须服从现场工作负责人的指挥，在指定地点范围内干指定工作，不准进入与工作无关的设备区域，不得超过安全围绳外或有警告标志的设备上工作；严禁酒后、赤膊或穿拖鞋者进入变电站。厂家及外来人员应与工作班人员同时工作、同时休息。严禁操作“KK”、闸刀、连接片</td></tr>
<tr><td>搬运梯子、管子等长物，必须放倒水平搬运，并与带电设备保持3m以上安全距离</td></tr>
<tr><td>屏、柜搬运或移位时，应有足够人力，统一指挥，避免倾倒震动及轧伤人员</td></tr>
</table>

续表

教育对象	教育内容
民工	在附近有带电设备的区域工作时，必须在有人的监护情况下听从工作负责人指挥进行工作，有疑问时必须问清楚，不得擅自行动，并按指定的路径进出，不得移动或跨越遮拦，不得拆除警告标示牌，不得触及与工作无关的其他所内设备
	材料、设备起吊过程中，禁止在起吊物下方行走或逗留
	在变电站内开挖土地时，应弄清楚地下是否有电力电缆或接地网
	锄草、清扫等工作，应注意与带电设备间保持足够的安全距离：220kV：3m；110kV：1.5m；35kV：1.0m；10kV：0.7m
	搭建脚手架应由下往上进行，拆脚手架应由上往下顺序进行，搭拆中不得将东西摔扔，应传递或吊运。严禁上下同时拆架或整片推倒
	坠落基准面大于 2m 的工作时，应系好安全带或腰绳。梯上作业时，梯子须有防滑措施，单梯下面有人扶住

3. 特种作业人员安全教育

表 4－7　　特种作业安全教育内容

作业类型	教育内容
动火作业	1. 在变电站内防火区范围内进行动火作业必须办理动火作业许可证，动火作业人员需具有动火作业资格，资格证书需在有效期内。 2. 动火作业存在的主要风险包括火灾、爆炸、烫伤等，根据场所的不同还会有其他的安全风险存在，作业前应做好风险分析。 3. 作业人员工作前和工作中精神状态良好，注意力高度集中。 4. 动火作业人员需正确佩戴安全帽，穿全棉长袖工作服，以及正确使用其他劳动防护用品。 5. 动火作业所使用的工器具外壳应完好，经检验合格并在有效期内。 6. 高处作业动火时，应采取防火花飞溅措施，其下部地面如有可燃物、坑洞等时，应进行检查，清除可燃物，或做好防护措施，以防火花溅落引起火灾爆炸事故。 7. 对封闭空间和管道进行动火作业前，必须先确认其内部是否存在易燃易爆物品；如管道内存在易燃易爆物质一定要先经清理干净，并用盲板将与设备相连的管道进行封堵。 8. 现场氧气瓶和乙炔瓶应分开放置，放置地点选择阴凉通风处，其间的距离不小于 5m，二者动火作业地点均不小于 10m。 9. 异常气候条件下（暴雨、台风、强雷电等），禁止施工。风力达到五级或以上时，原则上不得开展动火作业，如确需开展，应做好防范措施，并升级动火作业等级。 10. 动火作业结束后，动火作业负责人需确认现场所有的火种都已熄灭，清扫现场后方能离开
起重作业	1. 起重设备需经特种设备检验检测部门检测合格，操作人员和指挥人员应具备相应的资格证书，起重设备无合格证或人员无资质证书的，禁止开展起重作业。 2. 在起重过程中服从工作负责人指挥，并严格执行起重设备的操作规程和有关的安全规章制度。 3. 起重作业操作人员未经许可不得进入工作现场，进入工作现场应正确佩戴安全帽和使用劳动防护用品。 4. 起吊重物重量不得超过起重设备、起重绳索和其他工具的额定工作负荷。 5. 风力大于 6 级时，禁止进行露天起重工作。风力大于 5 级时，应评估起吊物的受风面积，受风面积较大的物体不宜起吊。 6. 在变电站内使用起重机械时，应安装接地装置，接地线应用多股软铜线，其截面积应满足接地短路容量的要求，但不得小于 $25mm^2$。 7. 起重车辆行驶时，应按照规定的行驶路线行进，并收起吊臂，将吊钩固定，收紧钢丝绳。上车操作室禁止坐人。 8. 起重机作业前应先将全部支腿展开支好，支撑位置选择平整坚固的地面或使用枕木；作业完毕后，应先将吊臂收起放在支架上，然后方可起腿。汽车式起重机如不具备吊物行走能力的，均不得吊物行走。 9. 起吊重物禁止长期悬挂在空中，重物悬挂在空中时，操作人员禁止离开操作室或从事其他工作。 10. 起重车辆行进和作业时，应注意吊臂及吊物与带电设备要保持足够的安全距离（10kV：3m；35kV：4m；66、110kV：5m；220kV：6m；500kV：8.5m）

续表

作业类型	教育内容
高处作业	1. 坠落基准面大于 2m 的都应视作高处作业，高处作业必须使用安全带。 2. 登高作业前，应检查所用的安全带外观完好无损，方可投入使用。 3. 安全带应采用高挂低用的方式，其挂钩应挂靠在坚固的构件上，或挂在专门用于挂设安全带的钢丝绳上。 4. 登高作业不准穿硬底或滑底鞋，衣服袖口、裤脚口要扎紧。 5. 高处作业应一律使用工具袋。高处作业时所使用的工具可用绳索系在手上，较大的工器具和材料用绳索固定在牢固的架构上，人员不得在作业位置下方逗留，防止高空坠物伤人。 6. 高处作业工器具和材料传递时，需用绳索拴牢传递，禁止上下投掷，以免砸伤下方工作人员或误碰带电设备。 7. 利用高空作业车、带电作业车、叉车、高处作业平台等进行高处作业时，高处作业平台应处于稳定状态，需要移动车辆时，作业平台上不得载人。 8. 登高作业注意力要集中，以防失足危险。 9. 在 6 级及以上的大风以及暴雨、雷电、冰雹、大雾、沙尘暴等恶劣天气下，应停止露天高处作业。 10. 使用梯子时，上下放稳，梯柱上下支点包扎防滑物（麻袋或草袋），必要时上端用绳索绑牢或登梯及工作时用人扶持，立梯坡度以 60° 为准

二、安全监护

安全监护制度是指在变电检修作业或变电运行操作过程中，至少由两人共同工作，其中一人充当监护人，对作业人员的行为进行监护，并及时制止其不安全行为。安全监护制度保障变电运检作业人身、电网和设备安全的有力措施。

（一）检修作业安全监护制度

（1）检修作业至少应由两人进行，工作班成员相互监护，互相关心劳动安全，及时制止不安全的行为。

（2）当一个作业内容存在多个独立的作业地点时（如通流试验、开关传动等），应保证每个地点都至少有两个作业人员。

（3）对于特别复杂的作业或危险性特别高的作业，如登高作业、带电作业等，应设置专责监护人，专责监护人由有经验的人员担任，作业过程中，专责监护人要认真履行监护职责，不得从事任何其他工作。

（4）有外单位人员参与的工作，应设置专责监护人，作业开始前，专责监护人要向外单位人员详细介绍工作中的危险点和注意事项，专责监护人全程监护外单位人员工作，及时制止其不规范、不安全行为。

（5）专责监护人由工作票签发人或工作负责人指定，专责监护人因故离开工作现场，应告知工作班成员停止工作，如专责监护人需长时间离开工作，应由工作负责人变更专责监护人。

（6）专责监护人的安全职责：明确被监护人员和监护范围；工作前对被监护人员交代安全措施，告知危险点和安全注意事项；监督被监护人员遵守本规程和现场安全措施，及时纠正不安全行为。

（二）倒闸操作监护制度

（1）倒闸操作需由两人进行，其中对设备较熟悉者担当监护人，另一人担当操作人，无论是监护人还是操作人都应经考试合格才能执行倒闸操作。

（2）监护人应认真履行监护职责，保证整个操作任务执行的正确性和完整性，并对操作中每一步的正确性负责。

（3）监护人和操作人从接受操作任务到整个操作任务结束的过程中，不得进行与此操作无关的任何事情。一个倒闸操作任务应由同一组操作人监护人完成，中途不得换人。

（4）核对性模拟预演后即赴现场操作，操作过程中严格履行监护复诵制度，由监护人手持操作票进行唱票，监护人和操作人共同核对设备名称和编号无误，操作人正确复诵后，监护人才能下令操作。

（5）在操作中操作人在前，监护人在后，监护人应时刻关注操作人的操作行为，发现问题立即制止。

（6）监护人、操作人必须严格按照操作票的顺序逐项进行操作，每操作完一项由监护人在操作票上打勾，全部操作完毕后再次核对有无漏项。

（7）操作中监护人和操作人不能互换身份，监护人也不能代替操作人进行操作，但在不放松对操作人监护的前提下可对操作人进行必要的协助。

（8）操作中监护人或操作人对操作票的内容产生疑问，或者操作中出现异常情况，应立即停止操作，待询问清楚后方能继续操作。

（9）操作中监护人发现操作人的行为威胁到设备或电网正常运行的，应立即制止，操作人发现监护人的命令出现明显错误的，应拒绝执行。

（10）大型操作任务结束后，操作人和监护人应对操作全过程进行复核，确认所有操作正确无误。

第八节 到岗到位与安全督查

一、到岗到位

到岗到位制度是指各级领导和相关管理人员到生产现场监督检查作业的执行情况，督促安全生产相关规章制度在现场的有效落实，实现安全生产可控、能控、在控，杜绝各类人身事故和人员责任事故。

各级领导和相关管理人员按照“谁主管、谁负责，谁布置、谁负责，谁检查、谁负责”的原则，在安排布置作业任务的同时，安排布置到岗到位工作，对各类作业现场实行到岗到位分级监督检查。

到岗到位监督的各级领导和管理人员：公司分管安全、生产、基建的副总工程师，相关部门负责人和管理人员；各地州单位领导班子成员，相关部室负责人和管理人员；车间（分场、中心、县级供电单位等，以下简称车间）领导和相关管理人员等。

各级领导和管理人员应提前监督检查作业的准备情况，在到岗到位过程中，应及时督促安全生产规程制度在管理过程和作业现场的执行，主动协调解决安全生产中存在的问题，消除不安全的因素。

（一）到岗到位工作标准

根据变电运检作业不同的规模与风险程度，各级领导和管理人员到岗到位标准见表 4–8。

表 4–8　　变电运检作业到岗到位人员标准

项目	工作任务	到岗到位人员
启动投产	220kV 新建变电站投运	公司领导和建设、运检、调控、安监部门管理人员； 公司二级机构领导、管理人员
	1. 220kV 主变压器扩建投运； 2. 110kV 新建变电站投运； 3. 110kV 主变压器扩建投运； 4. 110kV 及以上线路投运	公司建设、运检、调控、安监部门管理人员； 公司二级机构领导、管理人员； 县公司领导和发建、运检、安监部门管理人员； 县公司二级机构领导、管理人员
	1. 35kV 新建变电站投运； 2. 35kV 主变压器扩建投运； 3. 35kV 线路投运	公司二级机构领导、管理人员 县公司领导和发建、运检、安监部门管理人员； 县公司二级机构领导、管理人员
变电运行操作	220kV 变电站全停或某一电压等级全停的停送电操作	公司运检、安监部门管理人员； 公司二级机构领导、管理人员
	220kV 变电站主变压器或母线的停送电操作	公司二级机构领导、管理人员
	110kV 及以下变电站全停或某一电压等级全停的停送电操作	公司（或县公司）二级机构管理人员
	1. 220kV 单条线路停送电操作； 2. 110kV 及以下变电站主变压器或母线的停送电操作	公司（或县公司）二级机构管理人员
变电检修作业	220kV 及以上变电站全站集中检修	开（竣）工： 公司领导和运检、安监部门管理人员； 公司二级机构领导、管理人员。 检修期间： 公司二级机构领导、管理人员
	1. 220kV 间隔改（扩）建； 2. 220kV 主变压器（含电抗器）、开关大修、技术改造； 3. 220kV 母线和间隔整体改造	开（竣）工： 公司领导和运检、安监部门管理人员； 公司二级机构领导、管理人员。 检修期间： 公司二级机构管理人员
	220kV 比较复杂、难度较大的带电作业	公司运检、安监部门管理人员； 公司二级机构领导、管理人员
	220kV 保护及自动化装置更换、直流电源更换	公司运检、安监部门管理人员； 公司二级机构领导、管理人员
	1. 110kV 间隔改（扩）建； 2. 110kV 及以下主变压器、断路器大修、技术改造； 3. 110kV 保护及自动化装置更换、直流电源更换	开（竣）工： 公司（或县公司）运检、安监部门管理人员； 公司（或县公司）二级机构领导、管理人员。 施工期间： 公司（或县公司）二级机构管理人员

续表

项目	工作任务	到岗到位人员
变电检修作业	110kV及以下变电站全站集中检修	开（竣）工： 公司二级机构领导、管理人员或县公司运检、安监部门及二级机构管理人员。 检修期间： 公司（或县公司）二级机构管理人员
	110kV及以下变电站检修（施工）作业	公司（或县公司）二级机构管理人员
变电设备危急消缺和事故处理	1. 220kV主变压器被迫停役事故处理； 2. 220kV母线全停事故处理	公司领导和运检、安监部门管理人员； 公司二级机构管理人员
	1. 110kV及以上断路器、电压互感器、电流互感器和避雷器等爆炸、冒烟、起火的事故处理； 2. 110kV及以上母线被迫停役事故处理（母线非全停）	公司（县公司）运检、安监部门管理人员； 公司（县公司）二级机构管理人员
其他作业	220kV及以上电网“新技术、新工艺、新设备、新材料”应用的首次作业	公司领导和建设、运检、调控、安监部门管理人员； 公司二级机构管理人员
	110kV及以下电网“新技术、新工艺、新设备、新材料”的应用的首次作业	公司（县公司）建设、运检、调控、安监部门管理人员； 公司（县公司）二级机构管理人员
	工程复杂、施工难度大及安全风险较大的其他作业，则根据需要安排相应的到岗到位人员	公司（县公司）领导和运检、安监部门管理人员及其二级机构管理人员

（二）到岗到位督查内容

到岗人员应落实分级管控要求，切实履行到岗到位标准，除查处“十不干”和“十条禁令”等恶性、严重违章外，还应对表4-9所列（但不限于）内容开展检查。

表4-9　到岗到位检查重点

到岗到位人员	检查项目	重点检查内容
各级领导干部	现场作业工作组织情况	是否按规定执行“两票”
		是否开展班前（后）会
		作业计划是否做到刚性执行
		作业人员资质是否满足要求
	多专业、多单位工作协同情况	多专业、多单位协同工作是否制定方案
		工作负责人是否明确
		各专业安全职责界面、各单位安全工作界面是否明确
	查监护人员履职情况	工作负责人、安全监护人资质是否满足要求
		工作负责人、安全监护人是否擅自离开工作现场
	其他到岗到位人员履职情况	是否按要求执行到岗到位，到岗到位是否发现问题
	现场安全措施落实情况	安全措施是否符合现场实际
		接地线是否装设到位
		个人防护用品佩戴是否规范
	电网运行风险预警管控措施落实情况	相关部门是否按照风险预控单落实预控措施

续表

到岗到位人员	检查项目	重点检查内容
各级安监部门人员	现场作业秩序管控情况	工作负责人对需满足现场安全工作条件的人员、物资设备、工器具等是否配置到位
		各岗位、各工种人员是否知晓本岗位、本工种的工作内容及安全职责
	“三种人”履职情况	“三种人”在两票中的填写内容是否正确
		工作负责人是否有效组织和指挥现场工作
	工作票、倒闸操作票和组织措施、技术措施、安全措施执行情况	现场组织措施、技术措施、安全措施是否与工作票一致
		是否有补充安全措施、执行是否到位
	电网运行风险预警管控措施落实情况	相关部门是否按照风险预控单落实预控措施
	现场作业风险管控措施落实情况	现场作业风险是否有效辨识
		是否制订、动态修正风险管控措施并有效执行
	特种作业人员持证上岗情况	特种作业人员是否持证上岗
		证件复审是否及时
	存在问题整改情况	现场施工作业是否存在“三违”现象
		对自查自纠的问题和上次应整改问题是否及时整改
各级专业管理部门人员	当日现场作业内容和作业计划一致性	现场作业是否有计划，作业计划是否报备
		现场作业内容和计划是否一致
	工作票和倒闸操作票正确性，组织措施、技术措施和安全措施完备性	现场组织措施、技术措施、安全措施是否与工作票一致
	现场安全措施落实情况	现场各项安全措施（包括补充安全措施）是否逐条执行到位
	电网运行风险预警管控措施落实情况	相关部门是否按照风险预控单落实预控措施
	专业规程规范及反事故措施落实情况	现场是否贯彻执行十八项反措
		是否按专业规程、规范进行作业
	多专业交叉协同情况，并协调需要其他专业、单位的配合协同工作	多专业交叉作业是否制订施工方案
		各专业安全职责界面是否清晰
		工作负责人是否明确本岗位安全职责
	现场专业安全技术问题，并组织研究解决	高风险施工作业是否制订专项施工方案
		施工工艺是否符合设计要求，施工质量是否符合验收规范
公司（县公司）所属二级机构管理人	班组承载力、许可开工、安全交底等关键环节工作开展情况	作业人员资质和数量是否满足要求
		施工机械、材料、安全工器具是否合格
		作业环境是否安全，作业是否具备开工条件
		安全技术交底和安全教育是否有效执行
	班组成员现场作业任务、程序、危险点、安全措施清楚，人员、措施、设备、监督到位落实情况	随机抽查现场工作负责人、安全监护人、特种作业人员、施工人员对当天工作任务、作业程序、危险点、安全技术措施是否清楚
		现场实际作业的人员、安全措施、机械设备、监督人员是否满足作业条件

续表

到岗到位人员	检查项目	重点检查内容
公司（县公司）所属二级机构管理人	工作票和倒闸操作票正确性，组织措施、技术措施和安全措施完备性，作业内容和作业计划一致性	工作票和操作票中的组织措施、技术措施和安全措施是否与实际一致
		当日作业内容与作业计划是否一致
	作业人员持证上岗情况	现场“三种人”资质是否符合要求
		特种作业人员和特种设备操作人员是否持证上岗、证件复审是否及时
	防触电、防高坠、防倒杆等安全措施落实情况	现场工作接地线、个人保安线是否按规定设置
		高处作业个人防护装备是否合格、佩戴是否符合要求，高处作业是否设置监护人
		立杆是否设专人统一指挥，拉线锚桩是否合格
	有限空间作业措施落实情况	有限空间作业是否做到先通风、再检测、后作业
		是否设专职监护人，是否配备安全和抢救工具
	作业机械机具、安全工器具正确使用情况	现场作业机械机具、安全工器具是否合格，是否按规定正确使用
	现场实际动态安全风险，及时修正完善安全措施	是否根据现场实际作业条件动态分析安全风险，是否针对风险情况制订、修正和完善风险管控措施
	现场违章作业，整改存在问题	现场施工作业是否存在“三违”现象
		自查自纠的问题和上次应整改问题是否及时整改

二、安全督查

安全督查制度是指安监部门监督检查作业现场各项组织措施、技术措施、安全管控措施、反事故措施、安全措施的执行情况，及时发现和制止违章行为的发生，并督促现场进行违章整改。

安监部门应充分发挥安全监督体系的作用，对作业现场开展全方位督查，省公司级单位应对所辖范围内的四级风险作业现场开展全覆盖督查，地市公司级单位应对所辖范围内的三级及以上风险作业现场开展全覆盖督查，县公司级单位对所辖范围内的作业现场开展全覆盖督查。

安全督查可采取作业现场督查或者远程督查的方式开展。

（一）现场督查

现场督查重点检查项目和检查方式见表 4－10。

表 4－10　　现场督查重点检查项目和检查方式

序号	检查项目	重点检查内容	检查方式
1	工作前准备	是否对作业现场进行了认真勘查	查方案
		工作任务是否清楚	现场抽问
		工作负责人和工作班成员选派是否合适	查三种人资质

续表

序号	检查项目	重点检查内容	检查方式
2	保证安全的组织措施和技术措施	是否按规定编、审、批标准化作业指导书	查作业指导书
		工作前工作负责人对工作班成员是否进行安全交底	查安全交底记录
		工作间断、转移制度是否贯彻	查工作票
		安全用具和劳保用品是否佩戴齐全	现场检查
		作业现场是否与带电设备有效隔离	现场与工作票比较检查
3	工作实施过程	作业现场是否有序，工器具是否定置摆放	现场检查
		是否做好防止误动，防止误碰的措施	现场与工作票比较检查
		除工作需要和条件允许外，是否有工作人员（包括工作负责人）单独留在作业现场	现场检查
		工作人员是否正确使用安全工器具和劳保用品	现场检查
		工作过程中工作负责人、专责监护人是否履职到位	现场检查
		工作现场工作人员是否有违反现场作业纪律的行为	现场检查并制止
		工作过程中现场安全措施是否擅自变动	现场与工作票比较检查
		多地点、多班组、多专业工作，相互协调是否有力，各作业面监护人员是否到位，通信是否畅通	现场检查
		是否有可靠的防止人员高空坠落摔伤或工器具高空坠落的安全措施	查方案、现场检查
		是否严格执行标准化作业书	现场与作业书比较检查
	相关高压试验工作	是否有可靠的防止人员触电的措施	查方案、现场检查
		加压试验过程中是否进行呼唱	现场检查
	其他相关工作	特种作业人员是否取得特种作业证	查资质文件
		电动工器具是否有可靠的防触电措施	现场检查
		二次回路上的工作是否有可靠的防止触电、短路、接地、错接的措施	查二次工作安全措施卡
4	工作终结	工作结束前，对恢复项目是否进行认真复核，确认设备恢复至运行人员许可时的状态	现场检查、查工作票
		全部工作完毕，办理工作终结手续前，工作负责人是否对全部工作现场进行周密的检查，确保无遗留问题	现场检查

（二）远程督查

远程督查可采用视频督查和电话督查的形式，视频督查重点检查现场有无违章情况和文明施工情况，电话督查重点督查作业人员的安全交底情况、安全教育情况和各项规章制度的学习情况，并且可以通过电话联系工作负责人及时制止视频督查发现的违章情况，具体见表 4-11。

表 4-11　　远程督查重点内容

序号	督查项目	重点督查内容	督查方式
1	作业现场违章情况	工作班成员着装是否符合安全要求，安全工器具和劳动保护用品是否佩戴齐全	视频督查
		工作过程中工作负责人、专责监护人是否履职到位	
		除工作需要和条件允许外，是否有工作人员（包括工作负责人）单独留在作业现场	
		是否存在穿越和擅自移动遮拦、围栏的情况	
		高处作业是否正确使用安全带或高架车	
		梯上作业是否有人扶持	
		在户外变电站和高压室内搬动梯子、管子等长物，是否两人放倒搬运、并与带电部分保持足够的安全距离	
		起重作业是否设置专人指挥，起重工作区域无关人员不得停留或行走，吊臂和吊物的下方，严禁任何人行走或停留	
2	文明施工情况	是否存在酒后工作和在工作场所说笑、打闹、吸烟等情况	视频督查
		工作结束，工作人员是否清理现场工具、器材、仪表，并搬出设备区，做到工完、料净、场地清	
		设备、工器具等是否摆放整齐，是否摆放在指定位置，并做好工器具防风防雨措施	
3	安全交底和安全教育情况	作业人员对于工作任务、工作地点、工作时间是否清楚	电话抽查
		作业人员对于带电部位、作业危险点和控制措施是否知悉	
		作业人员对于施工方案、安全措施、技术措施等是否熟悉	
4	规章制度与事故案例的学习情况	工作负责人、工作许可人、工作班成员对于各自岗位的安全责任是否清楚	电话抽查
		作业人员对于“十不干”“十条禁令”“三要、六禁、九不”等规章制度是否了解	
		作业人员对于最近的事故通报、案例学习是否了解	

第五章

电网风险安全预警管控

由于电网接线复杂、规模庞大、设备繁多，并且在运行过程中会由于各种原因发生运行方式的变化与调整，必然存在各种各样潜在的不稳定、不确定因素，给电网稳定运行造成风险。近年来，伴随工业与信息现代化进程，国家和社会对电网的安全性要求越来越高，电网企业承担的社会责任越来越重，电能供应的各项指标、用户对供电可靠性的要求也日益提高。

电网基建、设备检修、气候环境变化等因素会导致短时的电网网架结构薄弱，安全裕度短时下降。从电网安全全局出发，必须要提升电网风险的管控能力，对各类型电网风险提前发出预警并落实管控，从而防患于未然，保障电网的安全稳定运行。作为运检单位，必须明确自身职能，严格落实电网风险安全预警管控工作，对相关停电工作、气候变化等风险因素进行辨识、评估、分析和管控，不断提高风险管控水平[7]。

电网风险安全预警管控需要运检部、安监部、调控中心、工作单位等多部门配合协作，根据风险等级逐级逐部门审批，共同完成对电网风险的管控，如图 5－1 所示。

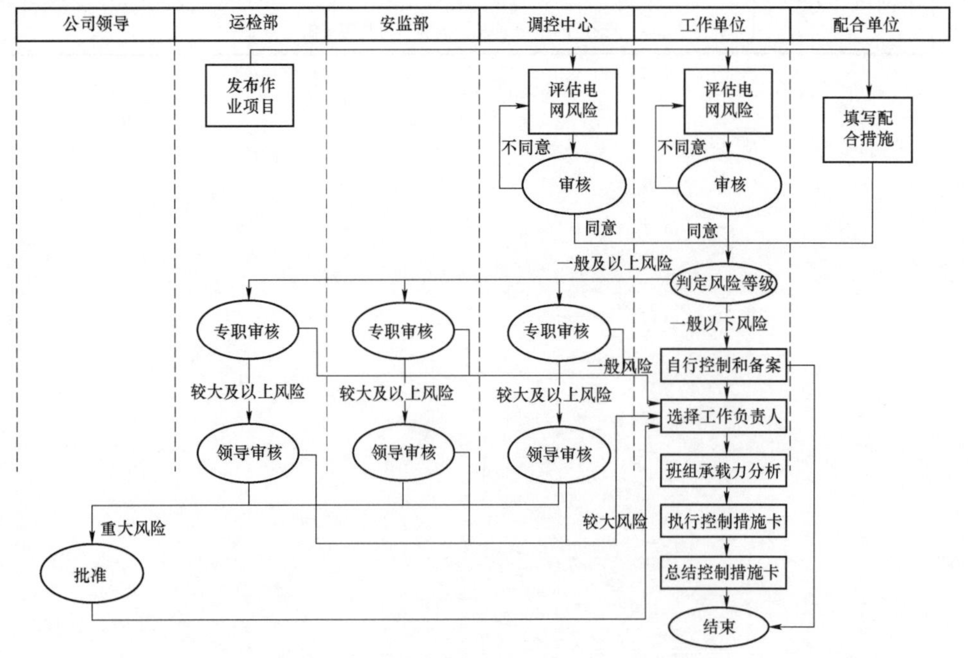

图 5－1　电网风险及作业风险管控流程图

第一节　电网风险预警发布

电网运行中存在的风险是多种多样的，在台风、寒潮等外界环境变化、重大活动保供电，以及检修、新改扩建等作业项目实施导致电网安全裕度降低等情况，为了保障电网安全，要对相关变量进行深入分析，为电网风险预警的发布和实施提供有力支撑。

一、引起电网风险的因素

（1）变电站内的很多施工作业项目，必须要在相关设备停役的情况下进行，如常见间隔 C 级检修、设备大修、保护技改、反措实施等。相关设备的停役可能会降低局部电网的安全裕度，增加风险的可能性或扩大风险的影响范围，据此将电网运行面临的风险划分为减供负荷、重载或过载、电压偏移、电网解列、厂站全停、重要用户全停六类。

（2）电网需要面对的自然灾害风险是多种多样的，如台风、洪涝、火灾、雷电、高温、冰雪等，每年由于这些灾害导致了大量的电网事件，甚至会引发大规模的停电，给国家、社会、电网以及用户带来巨大的损失。在当前电网发展中，尤其需要注意降低自然灾害对电网的影响，防止设备故障以及电网停电。虽然自然灾害难以避免，但是当前各类型自然灾害监测及预测系统已经逐步完善，自然灾害的发生存在着一系列的发展阶段。通过采用科学的技术手段和管理手段，结合电网应对自然灾害风险的典型经验，可以构建一套可靠的自然灾害预警及风险预防机制，增强电网应对自然灾害的抗风险能力和应急能力。

二、电网风险预警要求

电网风险管控的重点在于两个部分：风险辨识和管控措施执行，应当满足全面性、准确性、及时性、可靠性四个要求。

（1）全面性。全面评估电网运行方式、运行状况、运行环境及其他可能对电网运行安全和电力供应构成影响的风险因素，不遗漏风险。以变电站内设备大修为例，要充分考虑设备停电后对电网及变电站其他运行设备的影响，综合考虑变电站运行设备的缺陷情况，评估电网运行方式及变电站运行方式调整后的风险情况。

（2）准确性。能够准确判断电网风险的影响范围，明确相应风险的应对要求，制订有效的风险管控措施。以台风风险预警为例，应借助气象单位发布的灾害预警，根据台风等级、降水量及路径等信息，判断台风影响的电网区域及具体的影响形式，对台风路径上的变电站制订风险管控措施，准备应急抢修物资、制订特巡方案，以及部分变电站恢复有人值班等。

（3）及时性。风险预警发布要预留合理时间，对于计划性工作，“预警通知单”原则上在工作实施 3 个工作日前发布，风险预控措施至少于工作实施前 1 个工作日的 12 时前反馈。

（4）可靠性。制订切实可靠并具有可操作性的风险预控措施，明确设备、责任、时间、范围。要加强对风险预控措施落实情况的督导检查，确保风险管控可靠有效。以变电站综合检修为例，应明确电网风险期间的人员及车辆安排，明确需特巡的设备以及特巡的内容，明确紧急情况发生后的处置流程，确保责任落实到人。

三、电网风险预警编制与发布

电网风险预警的编制与发布应当遵循"分级预警、分层管控"的原则。电网公司总部调度发布可能引发管辖区域内五级以上的电网安全事件预警，同时对整个电网引发四级以上安全事件的电网风险管控状况持续监督。省调发布所辖区域内引发六级以上电网安全事件的风险预警。地调及县调发布管辖区域内可能引发七级以上电网安全事件的风险预警。省调管辖区域内的六级风险、地调及县调管辖区域内的七级风险，如果只涉及单个专业，可以不发布预警，制订专业的电网风险管控措施并严格落实。

（1）总（分）部电网运行风险预警发布条件包括但不限于：

1）设备停电期间再发生 $N-1$ 及以上故障，可能导致五级以上电网安全事件；

2）设备停电造成直流系统运行方式变化，存在双极闭锁风险；

3）跨区（跨省）重要交直流通道持续满载或重载；

4）跨区（跨省）输电通道故障，符合有序用电启动条件；

5）跨区（跨省）电网主设备存在重大缺陷或隐患不能退出运行；

6）清洁能源输送及消纳存在较大困难。

（2）省公司电网运行风险预警发布条件包括但不限于：

1）设备停电期间再发生 $N-1$ 及以上故障，可能导致六级以上电网安全事件；

2）设备停电造成 500（750）kV 变电站改为单线供电、单台主变压器、单母线运行；

3）设备停电造成电厂通过单回 500（750）kV 输电线路并网；

4）省级电网重要输电通道持续满载或重载；

5）500（750）kV 主设备存在缺陷或隐患不能退出运行；

6）重要通道故障，符合有序用电启动条件。

（3）地市公司电网运行风险预警发布条件包括但不限于：

1）设备停电期间再发生 $N-1$ 及以上故障，可能导致七级以上电网事件；

2）设备停电造成 220（330）kV 变电站改为单台主变压器、单母线运行；

3）220（330）kV 主设备存在缺陷或隐患不能退出运行；

4）二级以上重要客户供电安全存在隐患。

（一）预警编制

（1）各级调控部门会同运检部、施工单位等部门根据电网检修、设备隐患、

施工跨越、重大保电、灾害天气等情况，依据预警条件和预警评估结果，编制“预警通知单”。

（2）“预警通知单”应包括风险等级、停电设备、计划安排、风险分析、预控措施要求等内容。其中风险分析应明确风险期间电网运行方式，存在哪些负荷停电风险，有无运行方式调整，如何控制负荷限额等；预控措施应明确责任单位、管控对象、巡视维护、现场看护、电源管理、有序用电等重点内容；各责任单位的职责应明确，如调度部门应做好相关负荷转移和控制措施，运检部组织做好变电站、线路的特巡及现场作业管控，营销部配合做好对相关用户的电网风险告知，安监部监督各责任部门和单位落实安全风险管控措施，并且各部门的相关负责人签字确认。

（二）预警审批

“预警通知单”采用部门会签和审批制度，调控部门编制完成并送相关部门会签后，提交本单位领导或上级单位审批。

一、二级风险预警，报总部审核同意。三级以上风险预警，由分部、省公司行政正职审核批准。四级风险预警，由分部、省公司分管副职审核批准。地市公司五、六级风险预警，由本单位行政正职或副职审核批准。其他风险预警，由调控部门负责人审核批准。

（三）预警发布

（1）充分发挥生产安全例会和预警管控系统“两个平台”作用，规范预警发布、反馈和解除。

（2）“预警通知单”在周生产安全例会或日生产早会发布，并在预警管控系统挂网。

（3）预警发布应预留合理时间，“预警通知单”宜在工作实施前36h发布，四级以上“预警通知单”宜在工作实施3个工作日前发布。

（4）输变电设备紧急缺陷或异常、自然灾害、外力破坏等突发事件引发的电网运行风险，达到预警条件，调控部门在采取应急处置措施后，及时通知相关部门和责任单位。

（5）“预警通知单”涉及工作实施前1个工作日，各项预警管控措施均应落实到位，具备下达设备停电操作指令的条件。

（四）案例分析

分别以某220kV变电站220kV正副母线停役与某110kV变电站110kV进线停役为例，解析电网风险预警通知单的编制与发布。

【案例1】

（1）说明停电范围：××1变220kV正副母线。

（2）预警事由：配合220kV母联间隔电流互感器两侧导线更换、220kV母联高空跨线更换等。

（3）预警时间段：4 月 27 日 8 时至 4 月 28 日 20 时。

（4）电网风险等级：5 级。

（5）风险分析：××1 变电站 220kV 侧全停；××2 变电站由 220kV ×××1 线、×××2 线同杆双线终端供电；××电厂由 220kV ×××3 线单线并网。运行方式调整：××公司做好 110kV 方式调整。

（6）管控措施及要求。

省电力调度控制中心：督促地市公司做好调度运行事故预案；将相关风险告知××电厂，并督促其做好事故预案。

省公司设备管理部：督促地市公司做好××2 变电站防全停组织管理措施；督促地市公司落实×××1 线、×××2 线、×××3 线线路特巡。

省公司营销部：督促地市公司将相关停电风险告知重要用户。

省公司安全监察部：监督各责任部门和单位落实安全风险管控措施；督促地市公司安监部门加强对本单位具体风险管控措施落实情况的监督。

【案例 2】

（1）说明停电范围：×××1 线、×××2 线停役。

（2）预警事由：配合转供需保护改定值。

（3）预警时间段：7 月 6 日 8 时至 7 月 6 日 20 时。

（4）电网风险等级：6 级

（5）风险分析：届时，××1 变、××2 变均单线供电，存在全停风险；事故后，最大损失负荷超过 40MW；运行方式调整无；控制限额按照正常限额控制。

（6）管控措施及要求。

电力调度控制中心：督促两级调度（配调、县调）做好相关负荷转移和控制及电网关键设备跳闸后的事故预案。

运维检修部：① 组织做好×××1 线、×××2 线线路及间隔设备巡视等工作安排；② 组织做好现场作业管控。

营销部：注意配合做好对相关用户电网风险告知工作。

安全监察部：监督各责任部门和单位落实安全风险管控措施。

第二节　电网风险管控落实

运检中心组织落实管控措施，在安全例会上汇报风险预警管控措施组织落实情况。运检中心填写“预警反馈单”，在预警发布 24h 内在预警管控系统挂网反馈。“预警反馈单”应包括事故预案制定、设备巡视频次、设备检测手段、安全保卫措施、政府部门报告、重要客户告知等内容。

运检单位层面应根据风险预警通知单，编制应急预案及特巡方案，提前做好人员安排与事故预想，组织运检人员学习并严格贯彻落实。

一、电网风险管控要求

运检中心根据调度部门提出的电网风险事件报告及其相关需要特保、特巡或加强巡视的线路、变电站名称，及时会签电网风险事件报告，落实对相应的线路、变电站的特保、特巡或加强巡视以及部分变电站恢复有人值班的要求。

运检中心应采取的安全风险管控措施：按照规定要求对输变电设备进行巡视检查，保证领导干部、管理人员和巡视人员到岗、到位，落实各项安全措施，确保巡视质量。分级特保、特巡要求：

（1）可能引发电网特大电力事故（一级事件）或重大电力事故（二级事件）的特保要求。

1）对相关重要变电站恢复有人值班，并实行特保。

2）对相关重要输电线路进行特保。

3）地市局、检修分公司主管生产领导及运检、安监等管理人员参加变电站或输电线路特保。

（2）可能引发电网较大电力事故（三级事件）或一般电力事故（四级事件）的特巡及特保要求。

1）对相关重要变电站恢复有人值班，并实行特巡（必要时可根据公司要求实行特保）。

2）对相关重要输电线路实行特巡（必要时可根据公司要求实行特保）。

3）地市局、检修分公司运检、安监部主任及管理人员必须参加对变电站和输电线路的特巡（实行特保时参加特保）。

（3）可能引发电网五级风险事件时，按照特巡要求对相关变电站、输电线路进行巡视。

（4）正常运行方式下如出现可能引发电网五级风险事件时，在日常巡视的基础上增加巡视次数。

（5）对变电站、输电线路实行特保、特巡的具体规定由公司运检部制订，请各单位严格按照规定要求执行。

（6）落实防全停措施，切实防止220kV以上变电站内220kV及以上任一电压等级母线或两台主变压器全停。

二、运检单位的电网风险控制措施

运检单位根据电网风险管控要求，及时编制电网风险管控预案并有效落实，重点考虑设备工况风险、风险期间人员安排、应急工作组织协调，针对这三个方面制订有效措施。

（一）设备工况风险管控

在设备（如主变压器、母线、线路）停役后，存在局部电网结构薄弱、安全裕度降低的问题。此时变电站的部分或全部负荷可能为单电源供电且无热备用电源，若其余电力设备同时发生故障，则有可能导致电网失去部分或全部负荷，引发变电站全停等恶性事故。

为了避免负荷丢失，除了调度部门制定并执行防全停方案外，运检班组应根据电网风险预警通知单，严格制定特巡卡，对故障后会引发负荷损失的电力设备特殊巡视，做好纸质记录，上传电网风险管理系统并存档。特巡过程中除了常规巡视检查项目，还应落实红外测温工作，必要时可开展局部放电检测、铁芯夹件电流检测等带电检测项目。并在特巡卡上记录测温情况、带电检测结果等，及时汇报发热等异常状况。特巡卡如图 5-2 所示。

附件 A：220kV××变电所特巡卡（11 月 20 日－25 日，××1 及××2、××3 及××4 线轮停期间）

变电所：220kV××变　风险预警通知单××编号　环境温度：____℃　时间：2020 年 11 月 日 ：　天气：____

序号	间隔（地点）	设备名称	检查内容	标准	检查方式	结论	备注
1	××1358 线	××1358 线开关	1. 检查××1358 线引线及接头发热现象； 2. 检查××1358 线负荷情况	1. 对××1358 线及其引线、接头进行红外测温； 2. 抄录××1358 线负荷电流，检开关机构 SF_6 压力情况	巡视观察、红外测温 P= Q= I=		
2	××1358 线	××1358 线母线闸刀、线路闸刀	检查××1358 线母线闸刀、线路闸刀咬合处、引线及其接头发热情况	对××1358 线母线闸刀、线路闸刀连接处、引线、引线接头、闸刀咬合处进行红外测温无发热	巡视观察、红外测温		
3	××1358 线	××1358 线电流互感器、线路电压互感器	检查××1358 线电流互感器、线路电压互感器、接线及其接头发热情况	对××1358 线电流互感器、线路电压互感器、接线及其接头进行红外测温无发热	巡视观察、红外测温		
届时，××变（11 月 20～25 日）、××变（11 月 23～25 日）单线供电，存在 110kV 整站全停风险。（电网六级风险）							

编制人：××　　巡视人：　　值班负责人：

图 5-2　变电站特巡卡示例

（二）风险期间人员安排

为了保证充足的运检人员来应对电网风险事件，应将人员安排编入风险管控预案，将风险事件处置的责任落实到人，并将人员安排写入工作月计划及周计划，合理调配人力、车辆、物资，管理人员在设备停役过程中到岗到位等。相关工作的安排应提前预想，考虑届时班组承载力，将具体工作及人员安排写入周计划，并严格落实。

（三）应急工作组织协调

为避免风险事故发生时无法组织有效的应急力量，应明确应急处置流程，落实风险预警措施，并加强应急处置流程的学习。为了保证应急处置流程的严格正确执行，提前编制故障应急处置流程卡及应急操作卡，分别如图 5-3、图 5-4 所示。

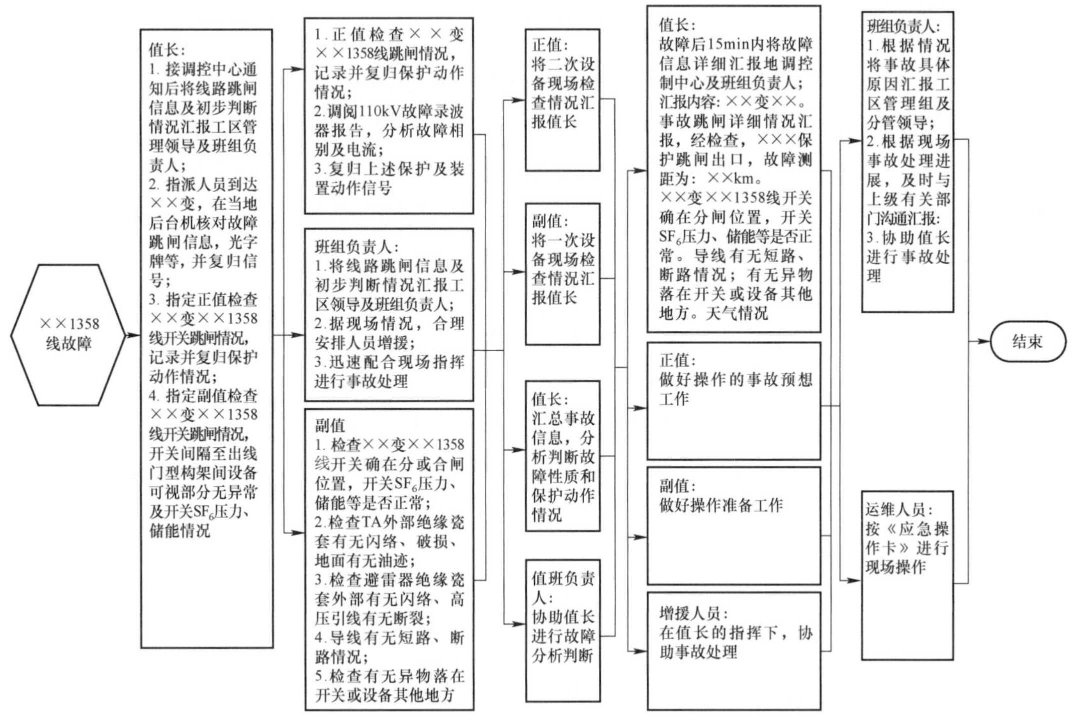

图 5-3　故障应急处置流程卡

应急事件		××1651 及焦山支线、××1214 及××支线轮停期间××变××1358 线故障应急卡
风险预控措施	1	若现场有检修试验工作，应立即通知检试工作负责人，停止现场工作并撤离人员
	2	根据运检中心倒闸操作旁站监护制度，评估应急抢修操作风险星级为三星级
		落实三星级操作风险控制措施，每阶段操作均必须核对设备状态满足条件
处　置　步　骤		
故障隔离	1	××变××1358 线由热备用改为冷备用
故障抢修	1	××变××1358 线由冷备用改为线路检修
	2	配合做好××变××1358 线线路检修相关工作
供电恢复 1	1	××变××1358 线由线路检修改为运行

图 5-4　应急操作卡

（四）案例分析

【案例】××变 220kV 副母线停期间风险辨识及控制

（1）设备工况风险。

风险辨识：届时，××变 220kV 单母线运行，存在整站（含 110kV××1 变、××2、××3 变及××4 变、××5 变、××6 变、××风电场和 35kV 负荷）全停风险；事故后，最大损失负荷超过 100MW。电网五级风险。

控制措施：5 月 11 日～24 日，××变 220kV 副母线停期间，加强 220kV 正母线设备的特巡工作，电网风险前特巡应提前 2 个工作日完成。电网五级及以上风险期间，对保供电相关间隔和设备每 2 天至少特巡 1 次，每次特巡均需使用特巡卡持卡特巡，确保一次一卡，记录完善，特巡卡应存档保存。由于 1 号主变压器 220kV 正母闸刀存在一般发热缺陷，因而特巡时巡视人员要对该位置加强关注，特巡卡上记录此处的温度，发现异常及时汇报。

（2）人员安排不合理风险。

风险辨识：安排的人员不足或人员无法胜任工作任务，引发人身伤害、设备故障等。

控制措施：严格执行落实月、周工作计划，系统考虑人、材、物的合理调配，管理人员到岗到位。相关工作按照班组周计划执行。

（3）组织协调不力。

风险辨识：未充分落实动态风险预警措施，未合理分配应急资源。

控制措施：根据实际工作，合理安排每天的应急人员及车辆，同时落实风险预警措施，加强应急处置流程的学习及演练。制定××变 220kV 副母线停役期间，220kV 正母电压互感器 A 相爆炸应急处理流程；制定××变 220kV 副母线停役期间，220kV 正母电压互感器 A 相爆炸应急卡。

（4）倒闸操作。

风险辨识：电气误操作。

控制措施：认真执行倒闸操作“六要七禁八步一流程”，操作中加强监护、严格按步操作、加强倒闸操作规范执行，认真落实岗到位旁站监护。

（5）工作票执行。

风险辨识：运检人员误入带电间隔，检修后设备状态与许可前不一致。

控制措施：严格落实工作票制度，完善现场安全措施布置，认真履行设备状态交接验收，并交代清楚现场设备带电部位及注意事项。

三、电网风险预警的变更与解除

对于预警条件发生变化的“预警通知单”应及时进行变更。若预警变更不改变运行方式安排、风险预控措施要求，仅为预警时间变更的，由各级调控中心说明变更内容及原因，安监部门在预警管控平台发布并以短信的方式立即通知相关责任部门和单位。

若预警变更需改变运行方式安排、风险预控措施要求的，则应按照本规范要求重新发布“预警通知单”并解除之前“预警通知单”的预警。按照预警通知单的电网风险事件时间及工作内容，在设备检修、基建工程、保电任务等工作结束后，接触电网风险预警，将电网的运行方式恢复正常。

第三节　电网风险预警监督评价

一、风险预警监督评价机制

电网风险预警的管控应有严格的评估、检查、考核机制，保证风险管控落实效率及效果。

（1）建立评估机制。定期对电网风险预警的发布状况、落实效果、流程完整性等进行统计，并做出可靠的分析与评估。针对重要的电网风险预警，应在预警结束后逐次评估。

（2）开展监督检查。结合“四不两直”检查、现场安全巡查、春（秋）季安全大检查、电网专项安全检查和隐患排查治理等工作，对电网运行风险预警管控机制建立和运转情况进行检查。公司组织对所有预控后风险等级为四级及以上的“预警通知单”开展现场督查、对预控后风险等级为四级以下的开展现场抽查；地（县）公司对所有预控后风险等级为五（六）级及以上的“预警通知单”开展现场督查、对预控后风险等级为五（六）级以下的开展现场抽查。

对于督导检查发现的预警管控机制不健全、预控措施落不到位等情况，给予通报批评；对于预控措施落实到位，在发生故障后有效防范了可能发生的电网安全事故（事件），给予通报表扬。

（3）严格事故考核。对于电网安全事故（事件），应严格调查电网风险预警管控工作的落实情况，追查存在问题的环节。对于管控措施不到位等引发的安全事故（事件），按照相关规定追究责任。

二、风险预警落实情况检查

电网风险预警管控措施落实情况检查内容包括运检中心月度电网风险计划编制报备、周电网风险预警单发布情况、各单位预控措施编制、反馈执行情况、现场预控措施执行和归档情况、四级电网风险报备情况等。

（1）运行工作方面。

1）是否按照预警单要求编制特巡方案、履行编审批手续，并按照要求及时反馈；

2）检查特巡方案是否完整，内容具有针对性，突出特巡重点；

3）是否按照方案要求开展特巡，做好记录并按照要求进行归档；

4）是否按照要求进行执行情况系统反馈（预警前反馈执行记录，预警期间在预警结束前集中反馈）。

（2）检查报告主要内容。

1）每月底体现各单位调控部门下月度风险分析，并是否按照要求上报上级调控部门和安监部门；

2）每周按照省公司、市公司、县公司分别体现本周各单位电网风险预警发布情况，执行预警单统计情况；

3）本周现场检查情况。主要包括被检查单位、检查发现的问题数量、存在的主要问题和整改要求等。

第六章

日 常 安 全 管 理

日常安全管理工作是保证电网安全稳定运行的关键，也是杜绝各类事故发生的关键。在“运检合一”的大背景下，跨专业的安全管理工作也在深度融合，运检管理人员能够更有效地发现各类安全隐患，全面提升应急队伍的应急能力，让各类安全检查更加有效。日常的安全管理工作主要包括安全例行工作、安全工器具管理、应急管理、安全检查，严格落实好日常的安全管理工作，才能将隐患消灭于未然，以及在面对突发事件时应对自如，保障人身安全、电网稳定、设备健康。

第一节 安 全 例 行 工 作

为了认真贯彻国家电网公司安全生产工作规定，坚定不移地执行“安全第一、预防为主、综合治理”根本方针，不折不扣地落实安全生产的各项规章制度，提高职工的安全意识，保证职工在电力生产中的人身安全和电力设备的健康运行，使日常安全管理工作得以有序、规范地开展，运检中心必须定期开展安全例行工作，包括安委会扩大会议、安全生产分析会、安全网例会、例行安全活动、月度安全简报、安全生产稽查及考问、领导安全生产联系工作。

一、安全生产领导小组会议

运检中心每季度召开安全生产领导小组会议，由运检中心安全生产领导小组参与，小组成员包括运检中心领导、各科室主任、各班组班长。会议内容包括贯彻市公司安全会议精神，传达上级单位下发的安全工作任务，学习外单位安全事故通报，研究解决安全重大问题，总结上季度安全生产工作，部署下个季度安全重点工作，并且各班组就安全工作中的重点、难点做专题发言。

二、安全生产分析会

运检中心应定期召开安全生产分析会，由运检中心安全生产第一责任人亲自主持。安全生产分析会参加人员一般由运检中心安全生产领导小组人员及所辖各班组长参加。

安全生产分析会内容包括分析总结运检中心近期的安全生产情况，对安全生产存在问题和薄弱环节加以认真分析，制订防范措施并落实整改；认真组织学习上级关于安全生产的文件和规定，并讨论具体的实施办法；认真组织学习上级安全分析、简报、事故通报；对系统内、外发生的事故所暴露的问题，结合本部门实际进行对照检查，对有同样问题存在，立即制订整改措施；对安、反措及安全检查发现的问题、整改实施情况进行小结，对未按计划完成的进行原因分析；布置下阶段生产任务，同时布置安全生产相关要求。

三、安全网例会

运检中心每季度召开一次安全网例会，由主管安全领导或安监部门负责人主持，各运检班组安全员参加，总结分析各班组的安监工作开展情况和面临问题，提出下一阶段工作重点。对各安全员在安监工作中遇到的困难，运检中心安监部门负责人及相关专责现场反馈，重点针对变电站安保、环保等专项工作商讨解决方案。同时运检中心就本季度工作完成情况及下阶段工作部署发言，督促安监工作有序开展。

四、例行安全活动

各班组应每周或每个轮值进行，每次安全活动间隔时间一般不得超过 8 天，并由班组长或安全员主持，班组长、安全员、技术员应参加每次安全活动。安全活动后参加人员必须亲自签名。安全活动无故不得缺席，无故缺席者按违章作业处罚；因故缺席人员，上班后应及时补课，并签名。班组安全活动每年集中进行的次数不少于 4 次。

安全活动内容包括分析小结本班组近期安全生产情况，对安全生产存在问题和薄弱环节加以认真分析，制订防范措施并落实整改；传达贯彻上级关于安全生产的文件和规定，并组织具体实施；组织学习上级安全简报、事故通报；对系统内、外发生的事故所暴露的问题，结合本班组实际进行对照检查，举一反三，采取措施加以防范；布置下阶段工作计划，并根据工作内容、性质按“五同时”要求计划、布置安全措施及工作中的危险点预控工作。

运检中心领导班子人员每月至少参加一次联系班组的安全活动，了解掌握职工的思想动态，听取职工对搞好安全生产的合理化意见及建议。同时帮助和指导班组解决安全生产上存在的问题，提高班组的安全生产水平。运检中心领导班子人员和运检中心安监员应每月对各班组安全活动开展情况进行评价，对安全活动情况差的班组及时进行指导。

五、月度安全分析

各班组每月底应根据本班组安全生产情况，编写一份安全生产简报，在次月的 5 日前上报运检中心。班组安全简报，主要是对本班组一个月来安全生产各方面工作进行安全分析。

安全分析格式及要求：

（1）本月发生（或未发生）人员责任未遂、异常。

（2）本月发生（或未发生）异常、开关跳闸。

（3）本月综合情况

1）安全督查次数及效果；

2）事故通报学习分析情况，职工对事故内容、暴露问题及防范措施掌握情况；

3）安全活动情况简要分析（次数、内容、效果）；

4）上级布置的安全生产工作、文件、指示落实情况；

5）安全教育培训开展情况及效果；

6）安全生产存在问题及分析、对策。

（4）下月安全生产工作计划。

1）下月安全生产工作重点；

2）下月存在主要危险点、控制措施；

3）安全教育培训计划。

（5）本月两票执行情况。

1）两票执行情况统计；

2）两票执行情况简要分析。

（6）安全日统计。

（7）光荣榜及曝光栏。

（8）运检中心月度安全分析简报根据市局要求在次月10日前，上报市局并下发给各变电站。

六、安全生产稽查

为认真贯彻“安全第一，预防为主”的方针，进一步完善安全生产监督机制，使现场安全稽查工作经常化、制度化。通过经常性的现场安全稽查不断提高广大职工执行规章制度的自觉性，从而杜绝违章作业，真正做到防患于未然。

（1）安全生产稽查要求和规定：

1）开展安全生产稽查的目的在于督促广大职工在日常生产过程中自觉执行各项规章制度，规范人员作业行为，保障各项生产工作安全有序进行。

2）运检中心成立安全督查组。督查组由运检中心领导、管理人员、安质科人员、各运检班班长、安全员等组成。

3）为使安全稽查工作有序、有针对性地开展，并收到应有的效果，运检中心结合当月生产实际，在每月5日前将督查计划下发各班组。

4）运检中心管理人员应根据生产现场实际情况，每月至少进行二次现场安全生产稽查。在稽查中做好稽查记录，对稽查中发现的问题应当场向班组长提出（一般问题口头整改通知；较严重问题，还应填写书面整改通知单，限期整改。班组长必须在规定的期限内向运检中心汇报整改情况）。

5）班组长、安全员、技术员必须结合本班组现场实际，每人每月不少于2次对现场安全生产情况进行稽查，并做好稽查记录。对稽查中发现的问题有整改记录。对运检中心签发的稽查整改通知，必须在规定的期限内完成整改，并将整改情况上报运检中心。

（2）稽查内容：

1）现场生产过程中，各项规章制度的执行情况；

2）日常运行管理工作；

3）市公司、运检中心布置的各项工作任务完成情况；

4）各类整改完成情况；

5）大型、复杂操作全过程的稽查；

6）大型检修、新建或扩建工程现场安全措施及现场安全交底情况；

7）外包工程施工现场情况；

8）现场生产管理情况、安全活动等；

9）运行纪律、劳动纪律、操作纪律执行情况；

10）消防安全情况；

11）对班组开展督查、考问情况进行检查；

12）两票执行情况。

（3）现场考问内容：

1）现场工作情况；

2）设备熟悉情况（变电站主接线图、设备形式等）；

3）设备运行及健康状况；

4）对常用保护回路及常用保护动作原理（控制回路、所用电及直流配置走向图、出线交直流电流电压、中央信号、三级电压切换、同期回路、控制回路以及主变压器冷却器控制回路图、三级母差保护、主变压器保护等掌握情况；

5）各类规章制度掌握情况；

6）各类需了解掌握的事故通报、上级文件、规定等熟悉情况；

7）填写操作票、工作票的熟悉程度。

（4）考问汇总：

1）运检中心领导及管理人员将每月的督查、考问情况在运检中心月度安全生产领导小组会议上，进行汇总分析。经统一意见提出整改意见。

2）对在督查中发现较重大的问题，应及时发出安全监督通知书。

3）各班组每月在月度安全生产分析中，将督查和考问情况，反馈运检中心。

七、领导安全生产联系

坚持行政正职是本单位安全第一责任、分管领导是分管工作范围内安全第一责任人的安全生产责任制和贯彻“管生产必须管安全”的原则，充分发挥安全生产保证体系和监督体系的作用，加强各变电站安全生产的领导和监督。

运检中心主任是运检中心安全生产第一责任人，对本单位的安全生产工作和安全生产目标负全面责任。运检中心其他领导按确定的联系变电站，重点对所联系变电站安全生产工作进行督促、指导：

（1）运检班应认真执行安全生产各项规章制度，确保变电站各项安全生产工作顺利进行。

（2）每月至少一次到联系变电站、运检班参加安全活动，听取变电站安全生产工作情况汇报。了解变电站人员责任制落实及各项规章制度执行情况。了解掌握变电站安全教育和安全检查等工作的落实情况。

（3）经常了解和听取安监人员的有关安全生产工作汇报，对联系点发生的事故、异常或安全生产上存在的隐患，按照“四不放过”原则认真组织分析，提出指导性意见。

（4）经常深入现场，对现场执行安全生产规章制度情况进行检查，对存在的问题提出整改意见。积极听取职工对安全生产的意见和建议，并及时将职工提出的合理化建议反馈运检中心安全生产领导小组，帮助改进现场安全生产工作。

（5）对变电站和个人在安全生产中的表现，可以向运检中心安全生产领导小组提出表扬、奖励或处罚的建议。

（6）变电站应主动与联系的领导汇报安全生产状况及存在问题，积极听取意见和建议。

（7）在安全考核中，运检中心领导与安全生产联系变电站、集控站发生的事故联责考核。

八、安全教育培训

（一）新入职员工的安全教育培训

（1）运检中心安质组负责进行基层级安全教育，班组负责班组级安全教育。

1）基层级安全教育以脱产办班形式教育为主，教育时间不宜少于 2 天，教育形式可多样化（上课、自学、谈话、观看录像、图片、实物、案例等），教学内容侧重于“运检合一”后运检工作的风险点、安全措施、安全关键点的把控，注重教学的实践效果。

2）班组级安全教育由专人带领，现场边干、边教方式为主，一般教育时间不少于 3 个月，在现场安全教育期间，受训人员不得单独工作。

（2）运检中心、班组级二级安全教育重点内容。

1）运检中心级：

学习运检中心安全生产概况、安全生产要求、安全生产规章制度；学习《安全生产规程规定》《电业生产事故调查规程》《电力建设安全健康与环境管理工作规定》《安全生产法》等；学习各工种危险源及防范；学习《电力典型消防规程》，掌握必需的电气消防知识。

2）班组级：

学习安全生产的组织和技术措施；辨识现场危险源及安全标志、设施；掌握各设备电压等级特征和安全距离；掌握频发性事故的预防措施；安全工器具及劳动保护用品的正确使用知识；本岗位生产工器具、机械设备的正确使用方法；了解本岗位有关的其他安全生产规程、法规。

（3）各级安全教育结束时必须进行考核（笔试），考核成绩记入职工三级安全教育卡片上，基层级考核成绩不及格者，必须经补考格后方可下放到班组，班组级考核成绩不及格者，经补考直至及格后方能上岗。

（4）调换工种的人员，由安质组对其进行安全知识培训，经考试合格后方可上岗工作。

（二）日常安全培训工作

（1）运检中心安质组负责编制年度安全培训计划，安全培训计划应纳入运检中心年度培训计划中。培训内容应涵盖《电力安全生产规程》《电业生产事故调查规程》等规程、规定，以及相关的消防知识、安全生产管理规章制度等。

（2）安质组负责年度安全培训计划项目的实施。

（3）运检中心每年在第一季度组织一次由专业技术人员、管理人员、生产班组人员参加的年度《电力安全生产规程》例行考试，对考试不合格者，进行补考。如补考不合格者，则不准上岗工作，直至补考合格后方可上岗工作。

（三）外来人员的安全教育

（1）外来人员按“谁使用、谁负责”的原则负责进行安全教育。

（2）班组负责施工现场外来人员的具体操作方法及相关安全知识的教育。

（3）外来人员进入高压带电场所工作时，开工前工作负责人应将带电区域和部位、警告标志的含义向临时工、民工及厂方配合人员交代清楚并要求临时工、民工及厂方配合人员复述正确后，并在开工前签订安全教育卡，方可进行相应的工作。

（4）外来施工人员应接受运检中心的安全教育，并参加安规考试，考试通过并取得相关资质证明后方可进入变电站工作。

（5）运检中心安质组对外来人员的安全教育管理进行督察，对违规现象有权提出整改及考核意见。

第二节 安全工器具管理

电力安全工器具是防止电力生产作业过程中人员触电、灼伤、坠落、机械伤害、摔跤、中毒、窒息、雷击、淹溺等人身伤亡事故或职业健康危害的防护工具或用品。电力安全工器具是电力生产作业过程中防止人身伤害的最后一道防线，足额配置并规范管理电力安全工器具是生产单位的责任。在运检业务融合的现状下，安全工器具的管理应做到职责分工明确，保管使用规范，落实检查与考核，避免相关业务及职责发生混淆遗漏。

一、安全工器具管理职责

（一）运检中心安监部门管理职责

（1）确认各运检班组的安全工器具需求，核实新建变电站的安全工器具需要，及时更新安全工器具的管理台账。

（2）对各运检班组的安全工器具使用状况进行监督检查。

（3）定期组织各运检班组将安全工器具送检，监督各班组开展安全工器具的保管和使用培训，组织开展新型安全工器具在各班组推广使用。

（二）运检班组管理职责

（1）按照实际工作需求，及时提出安全工器具的新增、更换申请。

（2）做好安全工器具台账，确保账、卡、物一致，确保试验报告、检查记录齐全。

（3）组织班组内培训，学习正确检查、使用、保管安全工器具，杜绝使用超试验周期或不安全的安全工器具。

（4）安排班组成员完成对安全工器具的日常维护、保养及送检。

二、安全工器具使用与保管

运检中心为各运检班组足额配置合格的安全工器具，确立统一规范的台账和编号方法。各运检班组应定期清点各变电站及班组驻地的安全工器具，做到账、卡、物一致。

（1）落实班组电力安全工器具管理责任。规范管理电力安全工器具的首要任务是以库房为最小单元，指定具体管理责任人。管理责任人应结合管理对象，建立健全库房管理规则；每月至少对电力安全工器具维护保养一次；及时记录和报告电力安全工器具使用过程中出现的问题，尤其是产品质量方面的问题，对损坏的电力安全工器具进行修理或给予报废；新产品、新技术、新材料的电力安全工器具使用前，做好年度“人人过关”保命技能培训评价，组织班组员工开展一次电力安全工器具正确使用、检查、维护等实际操作培训。

（2）完善电力安全工器具管理台账。齐全、完整、准确的管理台账是规范电力安全工器具管理的前提，台账信息应包含数量、型号、编号、厂家、存放位置、物品分类、试验周期、检查周期、用途等。班组公共电力安全工器具、发放至个人的电力安全工器具等均要建立统一的台账信息，台账信息在电力安全工器具新领用、试验、月度维护保养、存放地点变更、损坏报废时及时进行更新。

（3）保障电力安全工器具存放环境。合格的存放环境是保障班组电力安全工器具安全、可靠的必要条件，电力安全工器具摆放要做到分区、分类、定置，同时兼顾存取方便。电力安全工器具一般由塑胶、环氧树脂等材料制成，有防潮、防霉、防高温、防阳光直射、防挤压、通风等要求，存放环境摄氏温度不宜超过40℃，空气湿度不宜超过80%。变电站、输配电班组、高压试验班组、带电作业班组等电力安全工器具品类、数量配置较多，宜设置独立的密闭性较好的电力安全工器具房；根据房间面积大小安装空调或抽湿机及加热装置，每1匹空调房间面积不大于15m²，温度设置在25℃，模式设置为“制冷”或“抽湿”；抽湿机设置为“自动”模式，湿度设置为65%自启动；为节省空间和方便存取，宜采用货架形式摆放电力安全工器具，避免相互挤压或靠墙存放。可以购置具有恒温、除湿、加热功能的智能电力安全工器具柜存放，电力安全工器具柜温度设置25℃、湿度设置65%，存放被雨水淋湿的电力安全工器具时，应开启加热功能。

三、安全工器具报废

安全工器具存在以下任一情况者，必须报废处理。

（1）安全工器具经过专业试验，不符合国家标准或电网企业标准；

（2）安全工器具的合格证已经超过有效期限，无法满足有效防护要求；

（3）通过安全工器具外观检查，发现存在明显损坏无法安全使用。

报废处理的工器具不能存放在安全工器具室，杜绝班组人员使用。报废的安全工器具，必须由运检中心安监室组织专业人员认定满足报废条件。最终将报废的安全工器具销毁，撕掉工器具上的“合格证”。

四、安全工器具检查与考核

安全工器具检查试验工作宜交由各运检班组安全员负责，检查试验目的是保证电力安全工器具机械性能和电气性能安全合格、有效。检查工作分为月度定期检查和使用前检查两类，月度定期检查由安全员具体实施，使用前检查由使用人实施，检查内容主要是外观是否完好，闭锁机构是否可靠，转动部位是否灵活，是否在试验有效期内等。

定期试验宜委托有资质试验机构进行，也可由经本单位负责人批准的高压试验班组根据试验标准和周期进行。电力安全工器具管理责任人应根据台账信息和现场标签标识情况，至少提前一个月做好定期试验计划，并逐级传递到试验机构或部门安排实施，做好工器具出库登记。试验合格的电力安全工器具应在醒目位置粘贴“试验合格证”标签，注明试验单位（部门）、试验人、试验日期及下次试验日期，试验不合格的电力安全工器具标注“禁止使用”后予以报废，及时清理，不应与合格工器具混放。电力安全工器具定期试验回库后，安全员应及时更新台账信息。

运检中心应定期检查安全工器具的使用及保管状况，如果检查过程中发现不合格工器具，或班组的工器具管理工作存在纰漏，应当责令班组限期整改，并记录存档。如果因安全工器具的不合格及管理问题引发安全事件，应展开调查，按照规定处理相关班组及个人。

第三节 应 急 管 理

为了让变电应急管理工作更加规范化，迅速正确地处置电网安全事件，最大限度建设电网安全事件带来的损失，应当明确应急管理原则，落实应急预案及保障体系，规范化应急工作的开展[8]。特别在“运检合一”后，要充分发挥运检人员的业务水平，优化应急队伍的配置与建设，提高应急处置能力，保证安全有序快速地处置突发事件。

一、应急管理原则

（1）以人为本，减少危害。树立牢固的社会责任意识，切实保障群众与职工的生命财产安全，最大限度削弱安全事件带来的人身伤害与经济损失。

（2）居安思危、预防为主。电网安全事件应当以预防为主，在日常工作中紧抓安全，将各类安全隐患扼杀在萌芽中。实现事件预防与应急处置双管齐下，做好常态化工作的同时，为非常态工作做好充分准备。

（3）统一领导、分级负责。严格执行省公司和政府相关部门的决策部署，服从统一领导。对应急事件要做到综合协调、分类管理、分级负责、属地为主的要求，规范化应对应急事件。

（4）快速反应，协同应对。加强应急处置队伍建设，建立联动协调机制，加强与政府的沟通协作，整合内外部应急资源，形成统一指挥、反应灵敏、协调有序、运转高效的应急处置体系。

（5）依靠科技，提高能力。充分发挥专家队伍和专业人员的作用，积极采用先进的监测、预警、预防和应急处置技术及设施，提高应对突发事件的处置能力，避免发生次生、衍生事件。

（6）加强教育，增强素质。日常工作中，要重视对应急工作的宣传、培训及演练，增强运检人员的防范意识，提升救援能力，培养一支响应迅速地突发事件应急梯队。

二、应急预案编制

变电站运检人员的应急工作主要包括自然灾害应急、事故灾害应急两大类。每类应急工作根据应急事件类型、应急事件地点可以分为很多子项，针对各个子项应编制详细的应急预案，明确应急工作的流程及处置方案，保证预案的准确性和可操作性。

（一）自然灾害应急

自然灾害应急包括对水灾、地震、设备覆冰等灾害的应急工作，见表6-1～表6-3。

表6-1　　水灾应急预案表

应急事件		变电运检人员应对水灾现场处置
风险预控措施	1	确认现场水灾对设备有影响，应立即汇报设备管辖调度，拉停该设备
	2	救灾时，加强自身防护，避免救灾导致人身伤害，特别是高低压触电
	3	救援结束后组织全面检查，确认现场无水灾隐患和建筑物坍塌的隐患
	4	抢救贵重物资，尽可能转移到安全区域（高处）

续表

处置步骤		
内涝处置	1	断开易进水房屋中低压用电设施电源（如插座电源等）
	2	对站内容易积水、进水部位（电缆层、主控室、继保室、开关室等）出入口用沙袋封堵严实
	3	启用站内排水设施，利用固定排水设施或安装临时排水设施进行排水，若站外水位高，应将排水口封堵严实，防止倒灌
	4	发现站内室外各机构箱箱内积水，及时用抹布将积水擦干并进行干燥处理
	5	发现继保室、主控室、开关室等房屋屋顶渗漏水且漏点可能危及一、二次设备时，应及时用防雨布覆盖相关控制屏、开关柜，并加强跟踪检查，若无法控制时，应汇报调度停役相关设备，并断开相关电源
洪涝可控处置	1	用沙袋封堵变电站大门及向站外的排水口，并用排水泵向外排水
	2	与调度保持密切联系，观察灾情，对可能出现的情况和后果进行提前评估
	3	洪水入所后，人员应尽可能往高处撤离，并与班组保持通信联系
洪涝不可控处置	1	根据调度指令进行事故处理，按照事先拟订的拉停方案进行操作。拉停开关后可不到现场检查开关位置，只在后台检查开关遥测、遥信信号
	2	如水势上涨迅速，人员无法安全撤离时应立即请求当地救援机构支援。迅速组织人员聚集到地势较高的安全地带，并在空旷地带设置醒目的标志（如红布幔等）以便救援人员及时发现
	3	安全撤离后，应及时清点人数，若有失踪人员，要迅速实施救援
灾后处置	1	组织人员对灾后的现场设备、房屋等进行检查，是否有设备损坏、基础倾倒沉降、房屋开裂等，及时汇总损失情况并汇报工区及相关调度
	2	对拉停的无故障设备及时恢复送电
	3	因水灾造成故障的设备，及时进行隔离，并配合做好抢修工作

表 6－2　地震应急预案表

应急事件		变电运检人员应对地震灾害现场处置
风险预控措施	1	避险时，注意自我保护，禁止跳楼逃生，远离易燃易爆和含有有毒气体设备，注意防止中毒、窒息、触电、烫伤
	2	远离有发生倒塌及坠落可能的建筑物，防止被压、被困、被砸
	3	震后不放松警惕，防止余震造成伤害
处置步骤		
避险	1	如果在室内感觉到地震的迹象，应尽快安全逃出至户外平坦开阔地带。在逃出之前，应尽量断开室内电源空气开关，关闭天然气阀门
	2	控制室、备班室内避险：尽量选择长宽较小的房间，周围有稳定坚固的物体可以遮挡物理伤害；尽量戴上安全帽；坐姿或蹲姿时，紧贴身旁稳固的遮蔽物，蜷缩身体，避免摔倒或位置移动，避免将身体暴露在遮蔽物外
	3	户外场地避险：戴好安全帽，尽可能逃到附近较为空旷的场地，避免躲在设备构架、导线、建筑物等可能发生倒塌、坠落伤害的地点
	4	高压室、开关室内避险：选择整排开关柜侧面躲避，远离变压器、高压开关、电流互感器、电压互感器、电容器等可能发生爆炸或发生火灾的设备。有条件时用湿布、毛巾或工作服捂鼻，防止火灾或 SF_6 泄漏时引起窒息、中毒

续表

处　置　步　骤		
震后救灾处置	1	被困人员尽量收集一切有利于生存的物品（水、食物），等待救援，采取有规律的敲击声来吸引救援人员的注意
	2	参照《应对高空坠落现场处置》中对应伤情对受伤人员紧急救治
	3	救援人员到达后，先介绍现场灾情，受伤、受困人员，救援地点设备带电情况，应保持的安全距离，并分工配合救援

表 6-3　　　　设备覆冰（雪）应急预案表

应急事件		变电运检人员应对设备覆冰（雪）现场处置
风险预控措施	1	确认现场覆冰（雪）对设备有影响，应立即汇报设备管辖调度，设备操作时，宜采用远方操作方式
	2	巡视和救灾时，防止设备、导线、冰块从高处跌落，造成人员伤害
	3	车辆进入危险路段、变电站内要减速慢行，必要时安装防滑链
	4	变电站内临时建筑物覆冰（雪）严重时，应封闭通道，严禁人员进出
处　置　步　骤		
冰灾初期	1	加强值班力量，无人变电站恢复有人值班，少人值班变电站加强值班，班组负责人晚上值班
	2	利用望远镜、长焦相机、图像监控等设备观察，密切注意现场设备、设施覆冰（雪）情况
	3	准备安全工器具、应急灯、对讲机等救灾用具，并视情况缩短巡视周期，加强巡视，做好事故预想，准备事故处理操作卡等
冰灾可控处置	1	采取人工除冰时做好现场安全措施，加强监护与设备保持足够的安全距离，防止损坏设备
	2	根据调度命令调整运行方式，增加覆冰较严重设备的负荷，以融化该设备上的冰雪，隔离问题较严重的设备
冰灾不可控处置	1	缩小人工除冰、除雪范围，主要保站内母线、变压器等主设备安全运行
	2	根据调度指令进行调整运行方式和拉停相关设备
	3	设备发生异常和损坏时，根据调度命令隔离事故设备，做好安全措施，危险区设好警戒线，并挂好标示牌，禁止无关人员进出

（二）事故灾害应急

事故灾害种类较多，包括触电、电力设备故障、外来人员冲击、火灾等事故，相应应急预案如表 6-4～表 6-8 所示。

表 6－4　　触电伤害应急预案表

应急事件		变电运检人员应对触电伤害现场处置
风险预控措施	1	高处发生的触电应急应注意防坠落安全措施，参与人员应注意个人安全，帮助触电者脱离电源时，注意身体不能直接接触
	2	对有心跳、有呼吸、有知觉的触电者，不能用心肺复苏法抢救
	3	对有心跳、无呼吸、无知觉的触电者，不能对触电者施行心脏按压，应使用人工呼吸法抢救
	4	对无心跳、呼吸微弱，无知觉的触电者，施行心肺复苏法抢救
	5	如果受救助者无心跳、呼吸，同时身体上有其他创伤，应首先开展心肺复苏法救助，恢复心跳呼吸后再处置身体创伤
	6	电弧烧伤人员的衣裤应用剪刀剪开后除去
处　置　步　骤		
脱离电源	1	立即断开相关低压电源，如拉开电源开关，并用绝缘杆、干燥的竹竿或木棍等挑开电线，使伤员脱离险境
触电者有心跳、有呼吸、有知觉	1	注意救助环境，将伤员水平搬运到通风良好的环境，让其保持平静休息。注意环境温度，不要过冷或过热，保持体温恒定，并注意观察呼吸和心跳有无异常
	2	尽快将伤员转移至医院，以便更科学的身体检查
触电者有心跳、无呼吸、无知觉	1	采取仰头抬颏法，让伤者的呼吸道保持畅通，并开展人工呼吸救助伤者
	2	人工呼吸过程中，观察伤者胸腔有无起伏，每次吹气 1～1.5s，吹气过后脱离嘴部，并轻轻抬起头部，为下一步人工呼吸做好准备
触电者无心跳、呼吸微弱，无知觉	1	立即施行心肺复苏抢救，伤员仰面平躺，通畅气道，清除口鼻腔中异物
	2	胸外心脏按压频率应保持在 100 次/min
	3	人工呼吸过程中，观察伤者胸腔有无起伏，每次吹气 1～1.5s，吹气过后脱离嘴部，并轻轻抬起头部，为下一步人工呼吸做好准备
	4	胸外心脏按压与人工呼吸比例，成人为 30:2
	5	胸外心脏按压与人工呼吸反复进行，直到协助抢救者或医护人员来到

表 6－5　　220kV 母线故障现场处置应急预案表

应急事件		变电运检人员应对 220kV 双母线接线 $N-1$ 方式下，220kV 母线故障现场处置（二）（以××变 220kV 正母电压互感器故障为例）
风险预控措施	1	若现场有检修试验工作，应立即通知检试工作负责人，停止现场工作并撤离人员
	2	若电压互感器故障 SF_6 气室隔膜破裂气体泄漏，必须佩戴空气呼吸器或防毒面具在上风侧对设备进行检查
	3	根据工区旁站监护规定，评估应急抢修操作风险星级为四星级，落实四星级操作风险控制措施，每阶段操作均必须核对设备状态满足条件
	4	确认 1、2 号站用变压器低压侧空气开关已断开，检查站用电第三电源正常有电，迅速将所用电负荷翻至第三电源，严密监视直流系统电压稳定情况

续表

现场检查		
现场检查步骤	1	在当地后台机核对故障跳闸信息、光字牌等，并复归信号
	2	检查220kV母差保护动作情况，记录并复归保护动作信号及出口继电器，调阅故障录波报告
	3	检查上述开关跳闸情况，重点检查母线设备SF_6各气室有无异常
	4	检查监控后台信息，重点监视直流系统电压在正常范围内
处置步骤		
站用电恢复	1	将站用电翻至第三电源并断开排水系统及空调等较大负荷电源空气开关
	2	若受系统情况影响，第三电源无法供电，立即联系应急发电车，利用外接电源恢复所用电
故障隔离	1	220kV正母电压互感器由运行改为冷备用
供电恢复1	1	配合调度做好下辖各变电站事故限电准备
	2	若220kV副母线能尽快具备送电条件，可将220kV副母线先恢复运行，再恢复全所负荷
	3	恢复站用电正常运行方式
故障抢修	1	220kV正母电压互感器由冷备用改为检修
	2	做好220kV正母电压互感器检修相关工作
供电恢复2	1	220kV正母电压互感器由检修改为运行
	2	220kV副母由运行改为检修，恢复未完检试工作（根据当时实际情况）

表6－6　　35kV母线故障应急预案表

应急事件		变电运检人员应对35kV母线故障现场处置（一）（以××变电站35kVⅠ段母线电压互感器AB相爆炸为例）
风险预控措施	1	若现场有检修试验工作，应立即通知检试工作负责人，停止现场工作并撤离人员
	2	根据工区旁站监护规定，评估应急抢修操作风险星级为四星级，落实四星级操作风险控制措施，每阶段操作均必须核对设备状态满足条件
	3	35kV母线电压互感器二次侧并列时，必须先断开35kVⅠ段母线电压互感器低压回路后再进行并列操作
	4	1、2号站用变压器低压侧并列时，必须先断开1号站用变压器低压侧空气开关
现场检查		
现场检查步骤	1	在当地后台机核对故障跳闸信息、光字牌等，并复归信号
	2	检查35kV母差保护动作情况，记录并复归保护动作信号及出口继电器，调阅故障录波报告
	3	检查上述开关跳闸情况，重点查母差TA范围内设备有无异常
	4	如遇设备爆炸，还应交代人身安全注意事项，并检查是否波及相邻运行设备

续表

处置步骤		
故障隔离	1	35kV Ⅰ段母线电压互感器由运行改为冷备用
供电恢复1	1	35kV 母分开关由热备用改为运行（充电）
	2	35kV Ⅰ段母线充电正常后，35kV Ⅰ、Ⅱ段母线电压互感器二次侧改为并列运行
	3	1号主变压器35kV开关由热备用改为运行
	4	恢复35kV Ⅰ段母线各间隔的运行
	5	恢复1、2号站用变压器正常运行方式
故障抢修	1	35kV Ⅰ段母线电压互感器由冷备用改为检修
	2	做好35kV Ⅰ段母线电压互感器检修相关工作
供电恢复2	1	35kV Ⅰ段母线电压互感器由检修改为运行

表6-7　外来人员强行进入应急预案表

应急事件		变电运检人员应对外来人员强行进入变电站现场处置
风险预控措施	1	针对隐蔽入侵（治安技防装置动报作报警），现场处置人员（治安巡视）应做好防止人身侵害措施：安全帽、应急照明、橡皮警棍等防身用具
	2	针对外来人员公开围堵、强行冲击变电站，现场处置人员应稳定外来人员情绪，避免过激言行和正面冲突，严禁开启变电站大门
	3	针对外来人员已强行进入变电站，应告知现场危险区域和可能造成人身、设备和电网事故等恶性后果
处置步骤		
隐蔽入侵	1	治安技防装置报警，立即组织对重要生产设备、设施和生活设施的巡视，检查入侵区域（点）有无异常
	2	站内发现可疑人员，应立即调动现场人员采取控制或吓阻措施进行制止，并立即报警
	3	如对现场生产设备、设施和生活设施造成破坏，或发现有其他财产损失，采取保护现场措施。对设备安全运行有影响的，报对应职能部门（包括调控部门），并正确接受指令进行处置
公开入侵可控	1	发现变电站门遭到外来人员公开围堵，但情绪尚可控，未有强行入侵迹象，应积极采取劝解、疏导措施，宣传国家有关政策、法令
	2	查询引发矛盾的原因，可让外来围堵人员选出代表进入变电站，针对矛盾引发原因，劝解、疏导和协商解决方案
	3	若外来人员不听劝阻强行进入变电站，可引导其进入变电站会议室、办公室或生活区等非生产性场所，稳定强行入站人员情绪，聆听对方意见并认真记录，劝解、疏导和协商解决方案
公开入侵不可控	1	若事态有不能控制的苗头时，应迅速报告当地政府、公安部门，尽快取得支援以控制事态发展
	2	确保主控室门禁系统开启状态，关闭生产设备区隔离围栏门，封闭进入生产设备区域通道，并在现场设置安全警戒隔离带，悬挂必要警示牌

表 6-8　　电缆沟火灾应急预案表

<table>
<tr><td colspan="2">应急事件</td><td>运检人员应对电缆沟火灾现场处置（以××变 220kV 场地电缆沟起火为例）</td></tr>
<tr><td rowspan="4">风险预控措施</td><td>1</td><td>发现现场有人员受伤时，应先行抢救伤员</td></tr>
<tr><td>2</td><td>消防行动时，应注意安全防护，正确佩戴个人防护用品，并在使用前注意检查合格，防止行动中发生烫伤、触电、窒息、中毒等伤害</td></tr>
<tr><td>3</td><td>运检人员灭火前应当检查灭火器质量合格无破损，在灭火时应当站在上风位，注意与火源的距离，灭火器喷口应当对准火焰底部</td></tr>
<tr><td>4</td><td>消防应急处置结束后，应当组织相关人员开展全面检查，确认现场没有再次引发火灾的隐患，以及建筑物主体结构安全</td></tr>
<tr><td colspan="3">处　置　步　骤</td></tr>
<tr><td>人员疏散</td><td>1</td><td>停止着火电缆沟附近所有工作，疏散无关人员</td></tr>
<tr><td>故障隔离</td><td>1</td><td>查明火因，将故障设备停电：先切断着火电缆电源，重点是动力电缆、高压电缆</td></tr>
<tr><td rowspan="3">火灾可控处置</td><td>1</td><td>若具备直接灭火条件，起始发现者可自行调动力量，立即去主变压器消防箱内取灭火器进行灭火</td></tr>
<tr><td>2</td><td>若不具备直接灭火条件，先确认相关设备确已停电，再去主变压器消防箱内取灭火器进行灭火</td></tr>
<tr><td>3</td><td>火灾救援过程中动态监控、判断火势和危险性，若火灾难以控制按“火灾不可控处置”进行现场处置</td></tr>
<tr><td rowspan="3">火灾不可控处置</td><td>1</td><td>尽可能隔离着火电缆沟：在主变压器消防箱内取用沙土，在着火电缆沟蔓延途径前、后段适当位置用沙土进行堵截隔断，并对未过火电缆用水冷却</td></tr>
<tr><td>2</td><td>在着火电缆沟周边设置好警戒线，并挂好标示牌，防止无操作权限人员乱动现场设备</td></tr>
<tr><td>3</td><td>消防队到达现场后，先介绍火灾现场情况，交代火灾附近设备带电情况，与带电设备应保持的安全距离，并配合消防队进行灭火（担任监护职责）</td></tr>
</table>

三、应急培训与演练

运检中心及运检班组应当定期有针对性地开展应急培训及演练，包括台风洪涝灾害、雪灾、人员伤亡事件、变电站火灾、重要设备故障等，以经过审核的应急预案为处置依据，确保运检人员熟悉应急处置流程，掌握应急处置技能与救援技能。

应急培训与演练过程中，应当充分磨练运检工作人员和检修工作人员的协作能力，做好设备停役、安全措施布置、五防解锁等运检工作与检修工作的衔接，培养运检人员间的默契，充分发挥“运检合一”的优势。并且充分调动运检人员的主观能动性，鼓励运检人员在培训及演练过程中发现问题、讨论问题，检验应急预案的正确性与实用性，将培训及演练效果落到实处。

四、应急队伍管理

各运检班组应当内部组建应急队伍，应急人员定期轮换，提升运检班组的整体应急能力；运检中心层面也应当组建专业应急队伍，实现跨班组横向配合，在物资、人力、技术等方面互融互通，高效完成应急工作。

（1）所在运检班组或运检中心的第一安全责任人确定为应急队伍队长，负责安排应急队伍的日常工作，指挥队伍开展应急处置工作。分管领导担任副队长，副队长一般设置两名，配合队长展开应急工作，其中一名负责应急培训、演练、应急现场处置，另外一名保障队伍的装备、后勤及对外协调沟通。

（2）应急队伍成员除了参与本班组的正常生产工作，还应当遵循应急队伍的安排日程，参加应急培训及演练，完成队伍布置的应急技能学习任务。当安全事件发生后，应当遵从应急队伍队长的统一指挥，在事件结束前集中管理。

（3）充分发挥“运检合一”的制度优势，运检班组的值班人员应当承担应急责任，纳入应急队伍管理，确保班组应急队伍能够24h快速地响应。

（4）运检中心及运检班组应定期组织应急技能培训，除了按照开展专业的电网突发事件处置训练，还应开展专项培训，掌握心肺复苏法等急救措施，能够熟练使用排水泵、发电机等应急设备，清楚变电站的各项消防设施并能熟练使用。

（5）应急队伍负责应急预案的编制工作，编制完成后应递交安监部门审核，审核通过后方能使用。定期组织队伍开展应急演练，模拟电网安全事件，以经过审核的应急预案为演练依据，每次演练完成后对应急队伍的表现进行评价，并根据变电站现场实际状况及时更新应急预案。

（6）应急队伍的人员及车辆安排应当制订计划，按规定周期轮换，确保运检人员及车辆能够24h响应突发事件。

（7）应急队伍应当指定专人负责应急工具、设备、物资的保管和维护。应当有专用的应急抢修包，确保抢修工器具齐全，便于应急队伍快速响应，与其他应急物资及设备存放于应急专用仓库，或存放于仓库指定区域。

（8）应急队伍在得到应急响应任务后，应按照应急预案立即启动应急工作，组织应急人员与车辆集合、检查应急装备完善，准备完毕后等待命令赶赴现场开展应急处置。

（9）在前往外单位属地开展应急任务执行期间，应急队伍应当遵守应急工作的原则，在受援助单位的应急工作指挥者统一领导下行动。

（10）在应急工作开展期间，派出人员与应急指挥机构应保持通信，及时汇报现场情况，保证应急指挥机构能够迅速、准确地做出决策。

（11）应急队伍在应急任务结束后，应完善工作总结，对任务期间的队伍及队员的表现进行全面评价，对应急工作中存在的问题、有待改善的环节进行总结，并将总结在15天内报送安监部门。

第四节 安 全 检 查

安全检查主要包括班组日常安全检查、春秋季安全大检查、专项安全检查和安全飞行检查。各项安全检查过程中，单位自查、单位间互查、上级督查三种形式可以组合开展，发现问题及时整改。检查工作开展前，首先明确本次检查任务和检查范围；检查过程中发现问题应当随时记录；检查完成后将检查结果及时通报，并督促责任单位按时整改，从而实现安全检查工作的闭环管控。

“运检合一”后，变电站内的运行与检修工作实现了同步检查，提升了安全隐患的发现效率，保证了作业现场安全检查的全面性。

一、班组日常安全检查

运检班组根据变电站运行状况、施工状况等因素，以保证变电站的安全稳定运行为目的，定期或不定期组织的安全检查。例如在变电站改扩建工程中，运检班组管理人员突击变电站现场，检查现场施工人员有无资质、有无违章行为，工作现场是否整洁有序，安全措施是否正确落实，放小动物措施、防火措施有无及时恢复等；不定期检查变电站记录簿册及变电站现场，确保巡视、定期切换等工作保质保量完成。

二、春秋季安全大检查

针对春季和秋季的季节性特点，运检班组、运检中心、市公司安监部门自下而上开展安全大检查。各运检班组根据上级指示，有重点、有针对性地开展自查，及时查找安全生产中存在的问题及隐患，并接受运检中心及市公司检查组的检查，对发现的问题及时整改，防止电网安全事件的发生。为提高检查效率，春秋季安全大检查与迎峰度夏/冬安全检查可以同步开展。

（一）组织形式

（1）市公司层面，由公司第一安全责任人统一领导，生产工作分管领导主持，安监部门主办。由第一安全责任人担任市公司检查组组长，生产分管领导担任副组长，安监人员、专业人员、职工代表等担任检查组成员。

（2）运检中心层面，运检中心第一安全责任人担任组长，生产分管领导担任副组长，检查组成员可以由安监人员或班组抽调人员组成，安监科室负责安全大检查的有效落地。

（3）运检班组层面，安全大检查由班长统一指挥，班组全员全力配合检查工作的开展。

（二）程序

（1）结合春秋季特点、变电站现场的生产工作开展情况，有针对性地撰写安全检查纲要，确定检查项目和检查重点。运检中心和各班组根据变电站现场的实际状况，对检查内容做补充完善。运检班组在检查通知下达后全面开展自查整改工作。

（2）运检班组在自查整改后，将自查情况、发现的问题、整改情况汇总并撰写自查报告。自查报告递交运检中心后，由运检中心组织开展安全大检查工作，并将检查结果报告给市公司安监部门，由安监部门组织，市局领导或专业部门领导带领市公司检查组，对各变电站现场进行抽查或督查。

（3）市公司安全大检查结束后，检查结果向相关责任单位通报，监督相关责任单位履行整改责任。

（三）要求

（1）应落实春秋季安全大检查，以此为着力点抓好安全生产工作，各班组、运检中心、市公司逐级落实自身的安全职责，注重实效，有的放矢，并且在检查工作的组织、执行、通报、整改等环节做到规范化、精益化。

（2）安全检查内容涵盖人员安全意识、安全制度执行情况、现场安全隐患、现场薄弱环节四个方面，针对季节性特点和变电站现场的实际情况，有计划地开展工作，并监督整改措施的落实，杜绝形式主义检查。

（3）检查通报不仅要指出现场存在的问题，也要总结经验和方法，提出切实可行的整改意见与建议。

（4）各级单位应严格落实发现问题的整改，应制订整改计划，明确整改责任人，确定整改费用，按照规定整改期限完成整改任务。

（5）春季安全大检查发现的缺陷及问题，如果影响电网的安全运行，如防汛、防潮问题，应当在夏季高峰前完成整改；秋季安全大检查发现的缺陷及问题，如果影响电网的安全运行，如消防、防冻，应当在冬季高峰前完成整改。

（6）对检查班组及运检中心展开安全性评价，评价内容包括受查单位的安全组织架构是否合理，安全目标及责任是否落实，安全教育培训是否按计划执行，现场安全措施是否完善，消防安全、安保工作是否到位等。评价内容纳入受查单位的绩效考核。

三、专项安全检查

根据上级单位的安全生产工作部署或其他单位近期发生的事故情况，结合公司自身的安全生产现状，不定期组织对变电站的安保、环保、防误、两票等专业安全情况进行的专项检查。专项安全检查由运检部负责组织，制订计划并逐级下达至运检中心和各运检班组执行检查任务，安监部门对专项安全检查工作的落实情况监督考核。

（一）程序

（1）运检部按照上级部署或其他地市公司的事故情况，制订专项安全检查方案，组建专项安全检查组。

（2）运检中心及各班组按照专项检查方案，严格落实检查工作，对发现问题及时整改，若暂时无法整改，应制订整改计划，同检查结果上报运检部。

（3）运检部在运检中心及各班组汇报完成专项检查工作后，带领检查组对变电站现场进行抽查。

（4）市公司检查组汇总检查结果，编制专项检查报告，向各个受查单位通报，并监督各受查单位完成整改计划。

（二）要求

（1）专项检查方案应有明确的专项检查内容和清晰的检查要求。

（2）运检中心及各班组应严格落实检查内容，做好检查工作的计划与动员，确保检查落到实处。

（3）专项检查结束后，检查结果务必通报给受查单位，并严格督促整改落实，实现检查工作闭环管理。

四、四不两直检查

四不两直检查指为加强现场作业安全而实施的事先不通知被检查单位或作业人员的不定期动态检查，遵循“四不两直”原则，即不发通知、不打招呼、不听汇报、不用陪同接待、直奔基层、直插现场。安监部门或运检部门对管辖区域内的安全生产组织开展四不两直检查。

（1）程序。

1）根据现场安全生产工作的实际开展情况制订四不两直检查计划，明确检查内容，组建检查组，确定检查地点和受查单位。

2）检查组突击变电站作业现场，按照检查内容对照表对现场安全生产工作检查。

3）根据检查结果撰写总结，分析现场存在的问题，并通报给受查单位。

4）监督受查单位落实问题整改，对相关违章行为进行考核。

（2）要求。

1）运检中心定期上报工作计划，市公司按照工作计划确定四不两直检查的地点和检查内容。

2）检查地点随机确定，确定后注意信息保密，严禁向受查单位或个人透露。

3）运检部门组织四不两直检查，应及时将检查结果报送安监部门。安监部门汇总各部门的四不两直检查状况，查找共性问题，提出改进建议。

第七章

安全奖惩管理

安全奖惩管理是运检合一安全管控的重要组成部分，既贯彻国家“安全第一，预防为主，综合治理”的总方针，又结合国家电网公司、省市公司和运检中心的安全生产实际。安全奖惩管理的实施是对安全生产的制度保障，压实各级人员的安全责任，从制度层面规范安全质量监督工作，建立长效的安全生产正反馈和负反馈机制。运检业务相关人员学习安全奖惩管理，可以将安全生产管控的关口前移，有效预防各类安全事故（责任事件）的发生。

第一节 安全奖惩实施原则

（1）安全奖惩管理实行安全目标管理和以责论处。运检单位围绕施工验收、运行检修等生产各环节设定安全目标。安全目标明晰了各个生产环节的安全重点，生产班组和个人以此为抓手，围绕安全目标进行班组和个人自检，每完成一个环节的安全目标，相应的班组和其中具有突出业绩的个人将会得到精神和物质奖励。以责论处则体现了处罚的，一起安全事故（违章）势必涉及管理者、组织者、实施者多方的责任，多方彼此之间监督，互相照“安全的镜子”，对未完成年度安全目标、发生安全事故（事件）（以下简称事故）、安全责任履责不到位、发生重复性违章等管理失责情况的单位及个人进行责任追究和处罚。按照党政同责、一岗双责的原则对责任单位有关各级领导班子成员进行同奖同罚。

（2）安全奖惩包含奖励和惩罚。奖励分为精神和物质两方面，实施时一般进行合理分配，用以促进团体和个人在安全生产中的担当作为；惩罚上，坚持教育为主，惩教结合，目的还是“治病救人”，使相关人员及时认识到生产过程中暴露的安全问题，在之后的工作中有效进行安全管控。

（3）按照“业务外协，安全、质量不外协”的基本原则，对施工过程中发生的各类安全质量事件，经分析、区分责任，在追究外协队伍责任的同时，运检中心对相关班组和责任人进行同（联）责考核。

（4）实施对象覆盖整个运检中心的各管理组、班组及员工。各班组应根据本班组的

实际情况，制订本班组安全生产奖惩实施办法并报运检中心备案，做到各个班组的安全奖惩都有实施依据。

第二节 安全目标的编制

安全目标的编制过程实质上是从上到下梳理整个安全管理体系的过程，从国网总部层面的“安全第一、预防为主、综合治理”的方针，到省和地市公司颁发的电力安全生产奖惩规，用上层级的规定指导下层级的编制工作，避免发生目标上的冲突。安全目标确立的同时应建立符合现场生产实际的考核依据和标准，之后围绕安全目标的落实情况开展安全管理工作。

一、地市公司安全目标

（1）不发生人身死亡事故；

（2）不发生一般及以上电网、设备事故；

（3）不发生重大火灾事故；

（4）不发生五级信息系统事件；

（5）不发生本单位人员负主要责任的特大交通事故；

（6）不发生其他造成公司负面形象及引起社会不良反应的重大事故（事件）。

二、基层单位安全目标

（1）不发生重伤及以上人身事故；

（2）不发生五级及以上电网、设备事件；

（3）不发生一般及以上火灾事故；

（4）不发生六级及以上信息系统事件；

（5）无单位负同级及以上交通事故发生；

（6）不发生其他造成公司负面形象及引起社会不良反应的重大事故（事件）；

（7）满足单位应满足的百日安全个数或安全天数。

三、基层单位应满足的百日安全个数或安全天数

（1）输电侧：线路运维长度大于等于 1000km 的输电单位 1 个百日安全，低于该标准的单位 2 个百日安全。

（2）供电侧：按照主变压器容量进行划分，10 000MVA 及以上的 1 个百日安全，5000～10 000MVA 的 2 个百日安全，5000MVA 及以下的 3 个百日安全。

（3）电源侧：按发电种类和装机容量进行划分，火电厂一律为 3 个百日安全；水力发电厂 500MW 及以上的为 3 个百日安全，500MW 以下的小型水电厂要持续保持安全生产，不发生中断；核电厂持续保持安全生产，不发生中断；风能、光伏等新能源电厂为 3 个百日安全。

（4）集中检修单位：2个。

（5）施工单位：2个。

（6）调控中心（共五级）：不发生中断安全记录的安全事件。

（7）信息通信部门（数据中心）：不发生中断安全记录的安全事件。

第三节 安全奖惩标准

一、安全奖励标准

凡与公司有资产关系或管理关系的各单位，认真落实各级安全生产责任制，全面完成年度安全生产目标的，由公司按年度业绩考核责任书（安全生产责任书）考核办法给予表扬和奖励。所属县供电企业全面完成年度安全生产目标作为市电力（业）公司实现安全生产目标的必备条件。

各级单位参考《国家电网有限公司安全工作奖惩规定》制订安全生产目标，其中的基层单位对应实际的市级单位。公司每年对实现安全目标且安全管理成绩突出的单位及在安全生产方面做出突出贡献的先进个人进行表扬和奖励。各单位（个人）如实现安全生产目标，无电网、人身和设备事故发生，安全记录符合规定，可提出表彰申请，地市公司、省公司逐级评选审查，之后由省公司推荐报国家电网公司表彰。

凡符合下列条件的单位，公司授予“安全生产先进单位”荣誉称号。

（1）实现年度安全目标。

（2）年度安全指标考核和安全监督管理专业评价综合得分位于前列。

凡符合下列条件者，由所在单位授予“安全生产先进集体”荣誉称号。前提是集体内部对国家电网公司“安全第一，预防为主，综合治理”的总方针学习宣贯到位，压实各级安全生产责任，有效地进行了安全的管控，并且实现以下安全目标：

（1）认真执行安全生产各项规章制度，所在集体无违章、违纪行为；

（2）依靠管理创新，从生产各环节进行管理上的优化和创新，加强集体安全管理水平。

集体还细分为班组和运检中心，还需要满足各自的安全目标才能参与先进集体评选：班组对应的是连续三年无“异常和未遂”，无火警事件；运检中心对应的是全年无八级以上事件。

运检中心内部凡符合下列条件之一者，由公司授予“安全生产先进个人”荣誉称号：

（1）在倒闸操作、变电站综合检修等电力生产过程中遵守安全规程，认真履行监护人、操作人、负责人和许可人的安全职责，有力支撑安全生产；

（2）工作中关注现场设备的状态，留意后台报文和光字，对作业现场的危险点进行有效的辨识，阻断潜在的电网、人身和设备事故；

（3）能够在日常安全生产活动的基础上总结或者创造新的工作方法，该工作方法能

有效助推企业的安全生产，并且经过实践验证是可行的。

安全监督员作为安全管理人员，对安全具有较为深刻的理解，凡符合下列条件者，由公司授予“优秀安全监督员”荣誉称号：

（1）本身具有较强的安全监督业务水平，能够发现安全漏洞，同时敬业爱岗，忠于职守，不断学习并跟踪新的安全生产形势；

（2）面对现有安全生产局面主动作为，积极归纳总结创造科学的安全管理方法，积极实践并及时反馈修改，流程闭环，快速迭代优化安全管理方法。

设立安全生产特殊贡献奖：

（1）危急时刻决绝介入，避免了极可能导致巨大人身伤害、电网解列、设备损坏无效等级别事故，报公司认定，由各单位调查核实，给予相应的奖励并通报表扬；

（2）及时高效分析现场信息，准确研判事故起因，果断处置复杂事故，阻断潜在的电网解列、大面积停电事故者，由各单位调查核实，报公司认定，给予相应的奖励并通报表扬；

（3）建立安全生产奖励机制，引导生产部门和职工立足安全这一根基，踏实安全工作，进一步提高安全生产积极性；

（4）生产一线同时承担安全责任和安全风险，根据“权责统一”的激励原则，安全生产奖励会对其倾斜，特别是一线非管理岗位的生产人员的奖励力度要超过 50%；

（5）凡在安全生产上成绩突出的单位和个人，达到国家电网公司表扬、奖励标准的，单位应在次年一月十日前书面报公司，申报安全生产特殊贡献奖应在事发后及时报公司。

二、安全处罚标准

电力生产全环节链条较长，包括起初的规划可研、设计招标、物资采购、技改新建、运维检修以及教育培训，各环节一旦发生安全事故，相关责任单位和责任人都要被进行追究和定责。

电网事故主要包括特别重大事故、重大事故、较大事故、一般事故、人身事故及其他事故。与奖励类似，发生电网事故时对相关责任人员和单位进行考核及处罚，依据的也是国家电网公司《安全工作奖惩规定》。

单位 6 个月内经历两次及以上的事故考核，同一事故单位同样的事故发生两次及以上，视为对已明确的安全问题重视不够，上升一个处罚级别或者顶格处罚。事故发生后存在以下情形的，按照本标准相关条款提高一个事故等级对有关单位和人员进行处罚，其中计划者和决策者将按照事故主要责任人进行处罚：

（1）谎报或瞒报事故的；

（2）伪造或故意破坏事故现场的；

（3）销毁有关证据、资料的；

（4）逃避调查或者拒绝合作，对要求提供相关情报和资料的工作不配合；

（5）事故调查中提供虚假信息或者指使他人提供虚假信息，使得安全事故调查方向偏离；

（6）事故发生后逃匿或擅离职守的。

违反相关规章制度发生影响公司安全生产的情形，按以下规定执行：

（1）未按照有关规定保证安全生产所必需的资金投入，现有安全裕度严重不足，极易发生重大安全事故的，相关责任人员给予警告、记过或者记大过处分；情节较重者，予以降级、撤职或者留用察看的处分；情节严重者，予以解聘处分；

（2）正如变电运检中经常接触的一次设备无保护不得运行类似，新建、技改、扩建工程中的安全设施应相较主体工程提前，不得同时设计施工、施工和同时投入生产使用，同时审批、验收环节要符合规范，要履行正式的开工手续。一旦违反，有关责任人员给予警告、记过或者记大过处分；情节较重者，予以降级、撤职或者留用察看的处分；情节严重的，给予解除劳动合同。

企业及其员工存在以下行为，造成重大安全事故的：

（1）对已经发现的重大安全隐患，没有采取有效措施的；

（2）强行指挥工人进行危险作业；

（3）生产作业人员未经安全生产教育培训且考试合格即上岗的，导致违章作业；

（4）拒绝各级安全生产检查监督人员进行现场检查或接受检查时不如实反映情况，隐瞒事故隐患的；

（5）有未在上述行为中提及，但按照奖惩规定属于安全生产管理失责的，对有关责任人员给予警告、记过或者记大过处分；情节较重者，予以降级、撤职或者留用察看的处分；情节严重者，给予解聘处分。

处罚主体有两个，一是会受到政府有关部门监管，有关部门会依据《生产安全事故报告和调查处理条例》《电力安全事故应急处置和调查处理条例》等法规进行事故调查处理和经济处罚。同时，国家电网公司也会按照《安全工作奖惩规定》对相关责任（企业）人进行经济处罚；系统内进行一次处罚；发生安全事故后，公司统一实行下级单位去上级主管单位的 “说清楚”制度。10kV 及以上人为误操作事故，五级及以上人身、电网事件，四级及以上设备事故以及公司认为有较大影响的责任性事故，各单位相关人员应于一周内前往公司本部“说清楚”安全事故。

事故相关责任单位和责任人的定责以及处罚的标准，定责的主要依据是事故调查组的事故调查报告，处罚标准遵照奖惩规定和权责统一的原则。如果事故调查组由政府和国家电网公司两方参与，联合出具的处罚意见力度超过奖惩规定所对应的，则按联合的意见为准。同时，事故单位的业绩考核也会受影响，纳入公司当年度的考评体系。事故的定级参照国家有关法律法规以及国家电网公司的事故调查规程。由各级单位支付工资、存在管理关系的各种用工形式，人员发生责任性事故，均应按照本标准原则进行处理。被考核的事故不包含不可抗力和超承受极限的事故，不可抗力是指台风、地震等自然灾害和战争，超承受极限是指设计为 50 年一遇标准，却遭受到百年一遇的情形。

第四节　安全考核标准

每月进行安全业绩考核，运检中心考核到各班组，各班组再考核分配到个人。

班组根据实际情况，按照各岗位责任大小、风险大小制订具体的考核办法。运检中心各班组的月度安全绩效与安全生产和安全管理工作完成情况挂钩，并纳入中心月度绩效考核兑现。月度安全考核分总分 100 分。出现各类安全事故（件）、安全生产及安全管理工作执行不到位情况时，对照表 7－1 考核，考核分到 0 分为止。由中心绩效考核小组讨论确定对责任班组的班组管理人员及相关责任人进行考核。

表 7－1　　××运检室安全考核内容

序号	考核内容	班组考核	联责扣分
1	生产五级及以上人身事件	－100 分	发生安全事故，中心领导由市公司考核；各班组由中心绩效考核小组认定主责及次责班组
2	次责及以上特大交通死亡事故；同责及以上重大交通死亡事故	－100 分	
3	构成 35kV 及以上主变压器、线路跳闸的人为责任事故	－100 分	
4	六级及以上电网和设备事件	－100 分	
5	生产六级人身事件	－100 分	
6	七级以上电网和设备事件	－50～100 分	
7	构成 10～20kV 设备跳闸的人为责任事故	－50～100 分	
8	七级信息系统事件	－50～100 分	
9	生产七、八级人身事件	－50～100 分	
10	人员责任引起其他电网、设备事件	－30～50 分	
11	责任性外包工程人身重伤以上事故	－30～50 分	
12	八级信息系统事件	－30～50 分	
13	阻碍事故调查、隐瞒事故	－100 分	
14	中断市公司安全记录的事故	－100 分	
15	中断中心全部安全记录的事故、事件	－100 分	
16	中断中心当季安全记录的事故、事件	－80～100 分	
17	中断中心当月安全记录的事故、事件	－60～80 分	
18	发生人员责任性差错，经绩效考核小组认定的其他严重影响安全生产事件	－5～60 分	
19	安全活动流于形式、规定内容未按时学习	－3～10 分	

续表

序号	考核内容	班组考核	联责扣分
20	未按要求组织开展安全检查、安全性评价	-3～10 分	发生安全事故，中心领导由市公司考核；各班组由中心绩效考核小组认定主责及次责班组
21	对安全检查评估发现的问题未作出针对性整改计划，或者是未按计划的随意整改，整改情况未及时闭环	-3～10 分	
22	对上级及中心布置的有关安全生产要求未认真落实、不掌握	-3～10 分	
23	新、改（扩）等施工现场安全措施、安全管控不到位存在安全隐患	-3～20 分	
24	外包工、临时工管理不按规定执行	-3～10 分	
25	月度二票考核、评价未认真开展，考核、评	-3～10 分	
26	不按整改通知书的要求进行整改或者整改信息报送不及时	-3～10 分	
27	未按要求开展现场安全督查	-3～10 分	
28	未按要求进行月度安全分析	-3 分	
29	防小动物措施不落实或不定期开展检查记录不完整，台账不完整	-3～5 分	
30	防火措施不落实、火险隐患未及时发现、隐患上报不及时；消防设施未定期进行检查、故障报修不及时、记录不完整；新增设施台账未及时跟进	-3～10 分	
31	变电站安保隐患未及时发现、隐患上报不及时；安防设施故障报修不及时；新增设施台账未及时跟进	-3～10 分	
32	班组安全管理记录未按要求进行记录	-3 分	
33	安全工器具台账不健全，缺项少项，与实际物资不符；安全工器具超检验周期依旧在使用，使用检查记录不全；接地线未按编号位置一一对应存放	-3～10 分	
34	负有责任的现场安全管理、管控不到位，虽未造成后果，但性质严重的	-3～10 分	

第五节　安全奖惩管理流程

安全奖惩管理流程主要分为三大环节，依次是制订奖惩细则、实施奖惩考核以及总结归档。安全奖惩实行统一领导，分级负责。省公司安全监察部负责安全生产奖惩管理流程的归口管理工作，地县公司按照各自的职责和权限，负责建立各自单位内部的安全奖惩管理流程。

具体安全生产奖惩管理流程如图 7-1 所示。

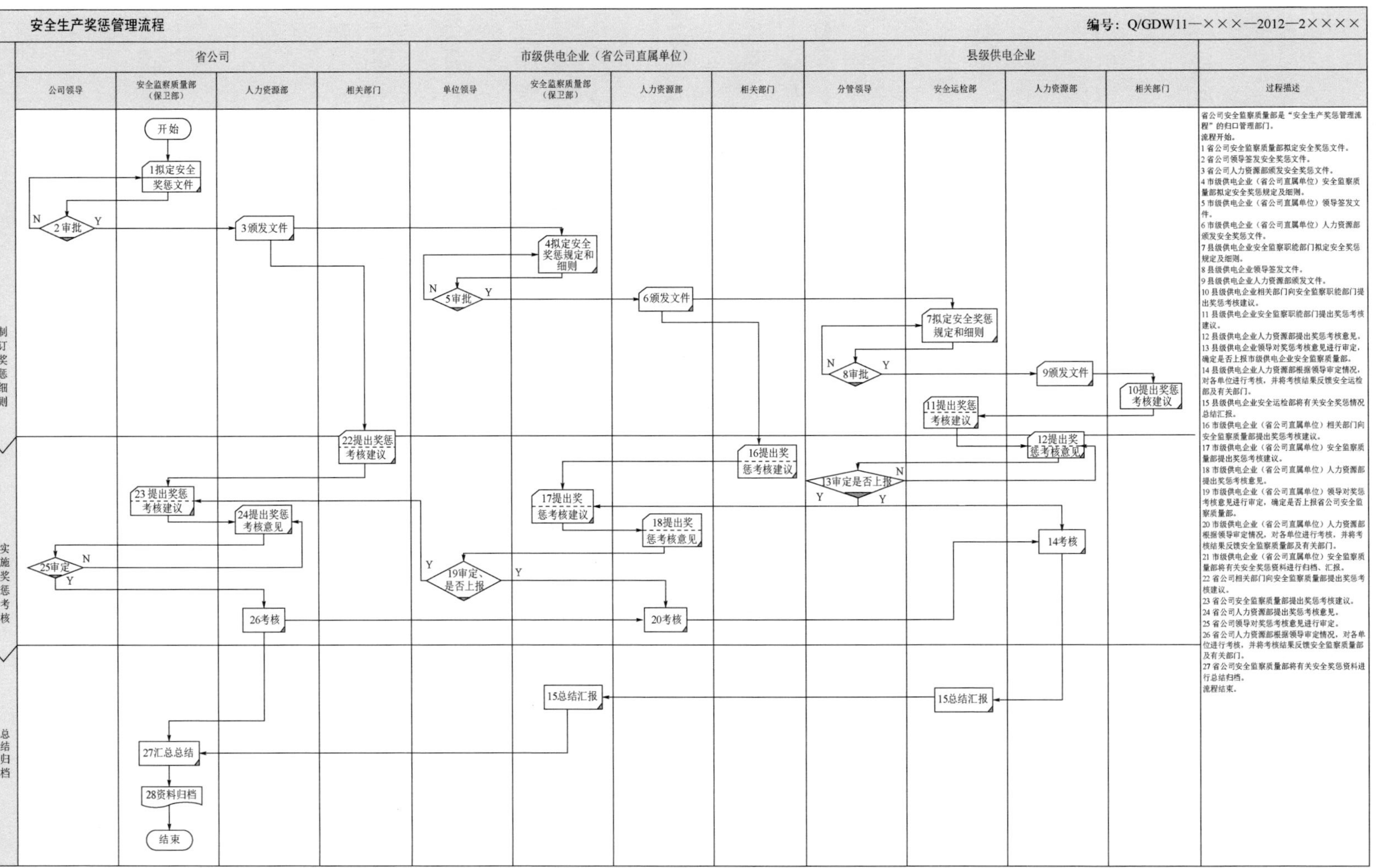

图 7-1 安全生产奖惩管理流程

具体的步骤如下：

（1）省公司安全监察质量部拟订安全奖惩文件。

（2）省公司领导签发安全奖惩文件。

（3）省公司人力资源部颁发安全奖惩文件。

（4）市级供电企业（省公司直属单位）安全监察质量部拟订安全奖惩规定及细则。

（5）市级供电企业（省公司直属单位）领导签发文件。

（6）市级供电企业（省公司直属单位）人力资源部颁发安全奖惩文件。

（7）县级供电企业安全监察职能部门拟订安全奖惩规定及细则。

（8）县级供电企业领导签发文件。

（9）县级供电企业人力资源部颁发文件。

（10）县级供电企业相关部门向安全监察职能部门提出奖惩考核建议。

（11）县级供电企业安全监察职能部门提出奖惩考核建议。

（12）县级供电企业人力资源部提出奖惩考核意见。

（13）县级供电企业领导对奖惩考核意见进行审定，确定是否上报市级供电企业安全监察质量部。

（14）县级供电企业人力资源部根据领导审定情况，对各单位进行考核，并将考核结果反馈安全运检部及有关部门。

（15）县级供电企业安全运检部将有关安全奖惩情况总结汇报。

（16）市级供电企业（省公司直属单位）相关部门向安全监察质量部提出奖惩考核建议。

（17）市级供电企业（省公司直属单位）安全监察质量部提出奖惩考核建议。

（18）市级供电企业（省公司直属单位）人力资源部提出奖惩考核意见。

（19）市级供电企业（省公司直属单位）领导对奖惩考核意见进行审定，确定是否上报省公司安全监察质量部。

（20）市级供电企业（省公司直属单位）人力资源部根据领导审定情况，对各单位进行考核，并将考核结果反馈安全监察质量部及有关部门。

（21）市级供电企业（省公司直属单位）安全监察质量部将有关安全奖惩资料进行归档、汇报。

（22）省公司相关部门向安全监察质量部提出奖惩考核建议。

（23）省公司安全监察质量部提出奖惩考核建议。

（24）省公司人力资源部提出奖惩考核意见。

（25）省公司领导对奖惩考核意见进行审定。

（26）省公司人力资源部根据领导审定情况，对各单位进行考核，并将考核结果反馈安全监察质量部及有关部门。

（27）省公司安全监察质量部将有关安全奖惩资料进行总结归档。

第六节　违　章　分　类

违章分类如下。

（一）管理性违章

（1）未按要求落实安全生产措施、安全生产计划、安全生产资金。

（2）工作现场所必需的安全带、正压式呼吸器等安全防护装置，接地线、绝缘手套等安全工器具以及个人防护用品未配备完全。

（3）设备变更后未及时更新相应的规程、制度及资料。

（4）没有对所辖变电站的运行规程进行每年一次的复核，查看是否需要更新以满足变电站现在的状态。

（5）进入生产作业现场的运检中心员工未进行三级安全教育或者未通过安规考试，现场招用的民工未进行合规的安全教育。

（6）在一整年内不发布具有工作票签发，第一、二种工作负责人，运行岗位资质的人员名单。

（7）排查出的事故隐患未制订相应的整改计划或未完成整改治理措施。

（8）设计不合理、物资采购未进行产品使用调查、施工方法不正确、验收不仔细，以上都是违反相关规定导致设备存在装置性缺陷。

（9）设计到需要部分间隔停电等复杂作业环境的工作应需要进行现场踏勘而未踏勘，就开始进行工作的。

（10）未落实电网运行方式安排和调度计划。

（二）行为性违章

1. 通用部分

（1）用抛掷的方式进行向上或向下传递物件。

（2）工具或材料浮搁在高处。

（3）用湿手接触电源开关。

（4）工作结束或中断，未切断电源。

（5）地线及零线保护采用简单缠绕或钩挂方式。

（6）当天收工未做到工完料净场地清，沟道盖板和孔洞未恢复。

（7）接地线的导电部分的油漆未清除，造成接地不良。

（8）人员没有认真观察，直接触碰实际未有效接地的接地线或者导线。

（9）采用缠绕的方法将接地线和接地桩相连，或者进行接地短路的导线横截面积不够。

（10）接地线与检修体之间不是硬连接，存在可能中断的节点，如未拉开控制电源的开关作为中介。

（11）需断开引线的工作，仅在断引线一侧接地。

（12）工作班成员擅离工作现场。

（13）饮酒醉酒驾驶车辆、酒后从事电气检修试验、高处施工作业等特种作业。

（14）发生违章被指出后仍不改正。

（15）没有告知紧急处置措施，或未对工作班成员进行安全技术交底情况下，工作负责人组织开展工作的。

（16）工作票（包括变电第一、二种，动火第一、二种工作票，施工作业票）未随身携带，造成事实上的无票工作。

（17）工作票中所列的安全措施不齐全、不准确，与现场实际情况不符或与现场踏勘的记录不对应。

（18）工作负责人未按规定办理工作票（施工作业票）延期手续，未告知运维管理人员或者调控值班员，擅自延期工作或在工作完成后未及时办理工作票终结手续。

2. 变电运行及检修违章

（1）在同一电气连接部分，高压试验需要单独工作，此时再发出或未收回已许可的有关该系统的所有工作票。

（2）运行状态下，电压互感器二次回路短路或接地。

（3）运行状态下，电流互感器二次回路的工作可能会发生下列违章现象：

1）二次回路开路；

2）采用导线缠绕的方法短路二次绕组；

3）在电流互感器（TA）与大电流端子之间的回路及导线上开展工作。

（4）在有压状态及弹簧储能的情况下进行拆装检修工作。

（5）在正常运行的变电站内及高压配电房内竖向搬动梯子、线材等长物。

（6）在进行开关设备的调整、检修及传动工作时，手臂或其他身体部位进入开关可动间隙。

（7）无工作时随意进出高压配电室或进出高压配电室未随手关门。

（8）不按规定保管和使用高压室的钥匙。

（9）不具备单独巡视高压设备资格的人员，逗留在高压设备区。

（10）单人留在高压室或室外高压设备区作业。

3. 起重作业违章

（1）在起重臂或吊件下人员滞留或行走。

（2）工作人员站在起吊物上升降。

（3）采用不正当方法校正设备，如起重臂顶撞或起重臂旋转。

（4）链条葫芦作为一种安全系数较低的小型吊运工具，在操作中超负荷使用；操作人员站在葫芦正下方。

4. 消防及动火作业违章

（1）擅自焊接切割未经处理的易燃物容器。

（2）烈日下直接曝晒气瓶，卧放使用乙炔气瓶，未按规定将乙炔瓶与氧气瓶隔离。

（3）不同气体的减压器替换代用。

（4）充分冻结的瓶阀或乙炔管，用火烘烤。

（5）在明火或易燃易爆物品周围 10m 内放置氧气瓶或乙炔瓶。

（6）生产区域中，未按规定悬挂明显的“严禁烟火”警示牌或出现人员吸烟及遗留火种的情形。

5. 安全工器具及劳动防护用品违章

（1）作业过程中使用不合格的梯子或安全工器具。

（2）施工、检修作业现场不戴安全帽或不系帽带。

（3）电力生产现场，未穿工作服、工作裤、绝缘鞋，女性工作者长发未盘起。

（4）使用不合格的、超检验周期、与电压等级不匹配的验电器进行验电，之前未在带电设备上验明验电器良好，验电时未进行三点验电。

（5）不按规定佩戴防尘、防毒用具。

（6）高处作业不系安全带。

（三）装置性违章

（1）起重设备无荷载标志。

（2）液压型千斤顶的安全机构损坏、螺旋形千斤顶磨损严重的，依旧被用来进行作业；超载使用；在带负荷情况下突然下降。

（3）起重吊物机械的传动机构摩擦力下降；刹车片沾染油污，制动性下降。

（4）使用未经定期鉴定或者缺少一系列合格证明的安全工器具。

（5）安全帽超期限，帽衬缺少，外表存在破损，缺少用于固定的下颚带。

（6）使用防滑衬层破裂、表面有裂纹的脚扣，有伤痕的或不完整脚套带。

（7）工作结束后，起到防小动物以及防火作用的电缆沟道和电缆孔洞未恢复原状。

（8）电力设备拆除后，存在部分带电部分未按规定处理。

（9）未按规定将待用间隔纳入调度管辖范围。

（10）主变压器、蓄电池室等重点防火区域的防火设施（硬件和状态）不符合相关规定要求。

第七节 奖惩案例分析

【案例 1】××供电公司赵××跌倒误碰带电部位发生人身触电死亡事故。

1. 事故经过

3 月 19 日，××供电公司变电运检中心在 220kV××变电站进行秋季综合检修工作，8 时 55 分工作许可人许可工作，工作总负责人王×召开班前会，进行了安全交底，安排各带电区域的专职监护人。其中 35kV×东线路侧 4781 隔离开关带电。检修一班赵××负责在 35kV 4781 开关上清扫并刷相序漆，由工作总负责人王×进行监护，约 10 时 37 分赵××火工作结束站起时，由于站立不稳失去重心，此时监护人看到赵××晃了一下，已来不及制止，赵××从 4781 开关跨越并跌到相距 1.35m 的 4783 隔离开关上，与 B 相放电，触电死亡。

2. 违章分析及处理意见

（1）在 35kV 开关顶部工作，工作人员未系安全带，个人的防止高空坠落措施不足，工作班人员违反《国家电网公司电力安全工作规程》规定登高作业超过 2m 及以上，需系安全带工作。工作人员安全意识淡薄，对作业现场存在的风险点辨识不清，对国网《国家电网公司电力安全工作规程》相关规定不熟悉，负主要责任。

（2）作业现场安全监护不到位。多班组各专业工作时，工作总负责人兼做危险点监护人欠妥。工作人员未系安全带工作，工作负责人未及时制止，且班前会交代工作中存在的危险点及相关安全措施不足，负次要责任。

（3）对于部分停电工作，对带电部分采取的相应防止工作人员误入带电间隔、误碰设备的安全措施不到位，在工作现场的危险点未设“危险点”标示牌。当值运维人员许可工作票时未向检修人员交代清楚工作危险点，且作业现场安全措施规范性欠妥，负次要责任。

【案例 2】××公司 110kV 变电站，发生一起人员触电伤亡事故，造成 1 名施工单位人员死亡，1 名变电运维人员受伤。

1. 事故背景

××公司 110kV 变电站进行 110kV 配电装置改造，改造内容为更换 110kV 敞开式手车开关。

2. 事故经过

按照工作计划，×月 16 日 21 时至×月 17 日 18 时，施工单位进行变电站 110kV Ⅱ凤×线至省 2 号主变压器过渡方式恢复正常方式改接线工作，工作地点在Ⅱ凤×线穿墙套管外侧（线路侧）。×月 17 日 17 时 50 分，该工作结束并办理了工作终结。此时，110kV Ⅱ凤×2 开关处于冷备用状态，Ⅱ凤×2 东刀闸母线侧带电。×月 17 日 19 时 13 分，安装分公司工作负责人孙××和变电运维正值沈××前往Ⅱ凤×2 开关间隔，进行间距测量工作（非工作票所列作业内容），在钢卷尺靠近带电的母线引下线过程中发生放电，导致孙××触电死亡，沈××被严重烧伤。

3. 事件原因分析

经初步调查分析，事故暴露出，事故公司贯彻国家和公司安全生产部署不到位，安全生产管理存在诸多薄弱环节和问题。一是思想认识不到位。反映出事故单位对抓好安全生产的极端重要性认识不到位，在思想上未真正重视，抓责任落实不严不细，现场安全失管失控。二是事故教训吸取不深刻，组织“说清楚”，安全学习流于形式，导致同类事故重复发生。三是安全风险辨识不到位。工作票中“工作地点”描述不准确，风险点分析不全面，设备保留带电部位不全，未针对性布置隔离措施、悬挂警示标识；现场安全交底流于形式，相关管理人员未严格执行到岗到位要求。四是作业人员安全意识淡薄。现场工作负责人、运维人员违反《国家电网公司电力安全工作规程》，在带电设备区域内违章使用钢卷尺进行测量工作，且进入设备区不戴安全帽，缺乏基本的安全意识。五是依法合规意识不强。事故公司相关单位和人员违反公司《安全事故调查规程》安全信息报送工作要求，未在规定时间内将事故信息报送至公司总部。

【案例 3】××供电公司检修人员在××变××2433 线开关常规 C 检时发现一级分闸阀中存在钢丝，导致开关无法保持压力及合闸。

1. 事故经过

2020 年 5 月 21 日，××变××2433 线开关进行常规 C 检。现场检修人员进行分合闸防跳验证，机构分合闸防跳功能均存在，三相同期性检查均正常。在进行传动验收时，××2433 线开关合闸，A 相合闸后立即分闸，BC 相合闸。2.5 秒后××2433 线开关机构三相不一致继电器动作，××2433 线开关三相分闸。检修人员秉承认真负责的态度，不放弃任何偶然性现象。现场将三相不一致继电器复归后，再次进行合闸，故障情况不变。检修人员对开关机构逐一排查均完好。为进一步确定故障原因，将分闸 1 和分闸 2 线圈接线解开，再次进行合闸，开关 A 相合闸后依然立即分闸，BC 相合闸，初步判断 A 相主阀故障。现场拆下 A 相主阀，并进行解体检查。解体检查发现：一级分闸阀中内部有钢丝，钢丝卡在阀球与阀体密封面之间，致使阀球无法将 A 相分闸一级阀可靠闭合，因此承压油一直与无压油相通，导致 A 相合闸后立即分闸。检修人员立即将该情况汇报运维检修中心，第二天进行主阀更换处理，试验传动合格，缺陷消除。该隐患不易被发现，检修人员及时发现故障原因并立即处理，成功避免了一起 220kV 开关跳闸或者重合闸失败导致线路停电的重大安全隐患，保证了电网和设备的安全运行。

2. 奖励分析及意见

（1）检修工作负责人工作认真，不放弃任何偶然出现的现象，及时发现开关存在的隐患并进行消除，保证了电网和设备的安全。

（2）开关阀体中存在钢丝，该隐患在正常 C 检中无法发现，检修人员及时判断故障原因并进行解体发现故障点，处置和汇报流程得当，值得肯定和表扬。

参 考 文 献

[1] 2020年我国电力安全生产面临的几个潜在风险［OL］. 全国能源信息平台，2018.

[2] 安全，从标准化作业开始［OL］. 互联网文档资，2018.

[3] 国家电网公司. 输变电设备状态检修试验规程［S］. 北京：中国电力出版社，2013.

[4] 国家电网有限公司设备管理部. 变电运维专业技能培训教材—实操技能［M］. 北京：中国电力出版社，2021.

[5] 国家电网公司. 国家电网公司电力安全工作规程（变电部分）［S］. 北京：中国电力出版社，2013.

[6] 智能变电站继电保护和安全自动装置现场检修安全措施指导意见. 国家电力调度控制中心，2015.

[7] 国家电网公司. 电网运行风险预警管控工作规范［S］. 北京：中国电力出版社，2016.